大骨鸡

萧山鸡

鹿苑鸡

芦花鸡

卢氏鸡

浦东鸡

舍内地面饲养的杏花鸡

舍外放养的固始鸡

大棚养土鸡

网上平面饲养

三层阶梯式笼

运输雏鸡的雏鸡盒

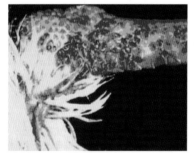

鸡腿部出血

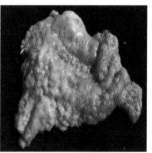

输卵管、子宫黏膜水肿

禽流感

扭头、转圈

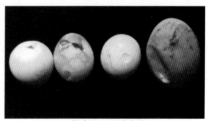

软皮蛋，蛋壳变白

鸡新城疫

腺胃乳头出血

卡他性炎症，肠腔充满积液，外观可见紫色、枣核状肿大的淋巴集结

鸡新城疫（续）

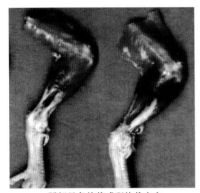
腿部呈条纹状或斑块状出血

法氏囊切面皱褶增宽、充血、出血和坏死

鸡传染性法氏囊病

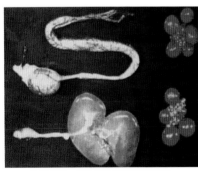
上为正常，下为输卵管萎缩和囊肿

畸形蛋

传染性支气管病

腿和翅麻痹、瘫痪，呈"劈叉"状

马立克氏病（神经性）

肝周炎，肝脏表面被覆大量的灰白色纤维素性渗出物

大肠杆菌病

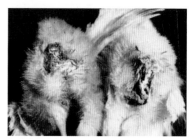

病鸡排白色稀粪，肛门周围被粪便沾污，糊肛

鸡白痢

鸡小肠壁增厚，肠内有大量血凝块

盲肠肿胀、臌气，肠壁有大量出血点

鸡球虫病

高效养**土鸡**

主　编　魏刚才　张遂平
副主编　欧　涛　仝玉慧　吴俊朝　刘庆立
编　者　(按姓氏笔画排列)
　　　　王素贞 (温县动物疾病防控中心)
　　　　仝玉慧 (濮阳市华龙区农业畜牧局)
　　　　刘庆立 (河南科技学院高等职业技术学院)
　　　　吴俊朝 (河南省禹州市畜牧局)
　　　　张遂平 (河南亚伟动物药业)
　　　　武培纳 (河南省禹州市畜牧局)
　　　　欧　涛 (卫辉市畜牧局)
　　　　赵智灿 (新乡市动物卫生监督所)
　　　　郝晓鹏 (新乡市动物卫生监督所)
　　　　谢广明 (台前县农业畜牧局)
　　　　魏刚才 (河南科技学院)

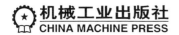

机械工业出版社
CHINA MACHINE PRESS

本书共分为 11 章，分别为土鸡的外貌特征及生物学特性、土鸡的品种及选择、土鸡的繁育、土鸡的营养需要与日粮配制、土鸡场的设计与建设、种用土鸡的饲养管理、商品土鸡的饲养管理、肉蛋兼用型土鸡的选择及饲养管理、土鸡场的疾病防治、土鸡场的经营管理，以及高效养土鸡的典型案例，对一些知识点配有二维码视频。

本书密切结合生产实际，注重科学性、实用性、系统性和先进性，重点突出，通俗易懂。可供鸡养殖户和相关技术人员阅读，也可以作为大专院校、农村函授及相关培训班的辅助教材和参考书。

图书在版编目（CIP）数据

高效养土鸡：视频升级版/魏刚才，张遂平主编. —2 版.
—北京：机械工业出版社，2018.5（2021.3重印）
（高效养殖致富直通车）
ISBN 978-7-111-59490-1

Ⅰ.①高… Ⅱ.①魏…②张… Ⅲ.①鸡–饲养管理
Ⅳ.①S831.4

中国版本图书馆 CIP 数据核字（2018）第 056848 号

机械工业出版社（北京市百万庄大街22号 邮政编码100037）
总 策 划：李俊玲 张敬柱
策划编辑：周晓伟 责任编辑：周晓伟 张 建
责任校对：王 欣 责任印制：孙 炜
保定市中画美凯印刷有限公司印刷
2021 年 3 月第 2 版第 2 次印刷
147mm×210mm·7.375 印张·2 插页·231 千字
6001—7900 册
标准书号：ISBN 978-7-111-59490-1
定价：39.80元

凡购本书，如有缺页、倒页、脱页，由本社发行部调换
电话服务　　　　　　　　　　　网络服务
服务咨询热线：010-88361066　　机工官网：www.cmpbook.com
读者购书热线：010-68326294　　机工官博：weibo.com/cmp1952
　　　　　　　010-88379203　　金书网：www.golden-book.com
封面无防伪标均为盗版　　　　教育服务网：www.cmpedu.com

高效养殖致富直通车
编审委员会

主　　任　赵广永

副 主 任　何宏轩　朱新平　武　英　董传河

委　　员　（按姓氏笔画排序）

丁　雷　刁有江　马　建　马玉华　王凤英　王自力

王会珍　王凯英　王学梅　王雪鹏　占家智　付利芝

朱小甫　刘建柱　孙卫东　李和平　李学伍　李顺才

李俊玲　杨　柳　吴　琼　谷风柱　邹叶茂　宋传生

张中印　张素辉　张敬柱　陈宗刚　易　立　周元军

周佳萍　赵伟刚　郎跃深　南佑平　顾学玲　徐在宽

曹顶国　程世鹏　熊家军　樊新忠　戴荣国　魏刚才

秘 书 长　何宏轩

秘　　书　郎　峰　高　伟

序 Foreword

改革开放以来，我国养殖业发展非常迅速，肉、蛋、奶、鱼等产品产量稳步增加，在提高人民生活水平方面发挥着越来越重要的作用。同时，从事各种养殖业也已成为农民脱贫致富的重要途径。近年来，我国经济的快速发展对养殖业提出了新要求，以市场为导向，从传统的养殖生产经营模式向现代高科技生产经营模式转变，安全、健康、优质、高效和环保已成为养殖业发展的既定方向。

针对我国养殖业发展的迫切需要，机械工业出版社坚持高起点、高质量、高标准的原则，于2014年组织全国20多家科研院所的理论水平高、实践经验丰富的专家、学者、科研人员及一线技术人员编写了"高效养殖致富直通车"丛书，范围涵盖了畜牧、水产及特种经济动物的养殖技术和疾病防治技术等。丛书应用了大量生产现场图片，形象直观，语言精练、简洁，深入浅出，重点突出，篇幅适中，并面向产业发展需求，密切联系生产实际，吸纳了最新科研成果，使读者能科学、快速地解决养殖过程中遇到的各种难题。丛书表现形式新颖，大部分图书采用双色印刷，设有"提示""注意"等小栏目，配有一些成功养殖的典型案例，突出实用性、可操作性和指导性。四年来，该丛书深受广大读者欢迎，销量已突破30万册，成为众多从业人员的好帮手。

根据国家产业政策、养殖业发展、国际贸易的最新需求及最新研究成果，机械工业出版社近期又组织专家对丛书进行了修订，删去了部分过时内容，进一步充实了图片，考虑到计算机网络和智能手机传播信息的便利性，增加了二维码链接的相关技术视频，以方便读者更加直观地学习相关技术，进一步提高了丛书的实用性、时效性和可读性，使丛书易看、易学、易懂、易用。该丛书将对我国产业技术人员和养殖户提供重要技术支撑，为我国相关产业的发展发挥更大的作用。

中国农业大学动物科技学院

Preface 前言

我国有着丰富的土鸡品种资源，土鸡骨细肉厚、皮薄、肉质嫩滑、味香浓郁、营养全面，土鸡蛋蛋白浓稠、蛋黄颜色深、味道好，深受消费者青睐。当前土鸡养殖已成为我国养鸡业中的一个新兴产业，也成为农村新的经济增长点。我国的土鸡养殖虽然具有悠久的历史，但传统的饲养方法已不能适应规模化土鸡养殖业的发展要求，且影响到生产效益，需要采用先进的养殖技术进行科学养殖。为此，我们组织了长期从事养鸡教学、科研和生产的有关专家编写了本书。

本书共分为11章，分别为土鸡的外貌特征及生物学特性、土鸡的品种及选择、土鸡的繁育、土鸡的营养需要与日粮配制、土鸡场的设计与建设、种用土鸡的饲养管理、商品土鸡的饲养管理、肉蛋兼用型土鸡的选择及饲养管理、土鸡场的疾病防治、土鸡场的经营管理，以及高效养土鸡的典型案例。为了读者更好地理解，对一些知识点配有二维码视频，建议读者在 Wi-Fi 环境下扫码观看。本书密切结合生产实际，注重科学性、实用性、系统性和先进性，重点突出，通俗易懂。本书可供鸡养殖户和相关技术人员阅读，也可以作为大专院校、农村函授及相关培训班的辅助教材和参考书。

需要特别说明的是，本书所用药物及其使用剂量仅供读者参考，不可照搬。在生产实际中，所用药物学名、常用名与实际商品名称有差异，药物浓度也有所不同，建议读者在使用每一种药物之前，参阅厂家提供的产品说明以确认药物用量、用药方法、用药时间及禁忌等。购买兽药时，执业兽医有责任根据经验和对患病动物的了解决定用药量及选择最佳治疗方案。

由于编者水平有限，书中可能会有错误和不当之处，敬请广大读者批评指正。

编　者

目 录 Contents

土鸡的外貌特征及生物学特性

土鸡的市场销售以活鸡为主，其外貌特征直接影响产品的销售和价格。不同地区、不同消费者对土鸡的外貌特征和屠体体表要求存在很大差异。掌握土鸡的生物学特性有助于土鸡高效养殖。

第一节 土鸡的外貌特征

土鸡由头部、颈部、躯体部、尾部、腿部以及羽毛等构成。其外貌结构如图1-1所示。

图1-1　土鸡的外貌结构

1

一、体形结构

土鸡外观清秀，胸肌丰满，腿肌发达，胫短细适中，头小，颈长短适中，羽毛美观，母鸡翘尾，公鸡尾呈镰刀状，一般体形较小。

二、羽毛

土鸡羽毛丰满，紧贴身躯。羽色斑纹多样，不同品种差异明显，有白色羽、红色羽、黄色羽、黑色羽、芦花羽、浅花羽、江豆白羽、青色羽、栗羽、麻羽、灰羽、草黄色羽、金色羽、咖啡色羽等。公鸡颈羽、尾羽发达，有金属光泽。土鸡的羽色是其天然标志，生产中要根据消费者的不同需求来选留合适的羽色和花纹。

三、冠

土鸡冠形多样，有桑葚冠、豆冠、玫瑰冠、杯状冠、角冠、平头冠和毛冠等。鸡冠颜色红润（乌冠除外），冠大，肉髯发达，有的个体有胡须。

四、体表及其他部位

皮肤有白色、黄色、灰色和黑色等，人们比较喜欢黄色；喙、胫脚的颜色有白色、肉色、深褐色、黄色、红色、青色和黑色等，有的个体呈黄绿色和蓝色。南方消费者较喜欢青色胫和黄色胫。土鸡以光胫为主，但也有毛胫、毛脚。趾有双四趾的，有一侧四趾一侧五趾的，也有双五趾的。趾短直，不像笼养蛋鸡那样长。土鸡的胫部较细，与其他肉鸡有明显的不同。

第二节　土鸡的生物学特性

一、采食特点

（1）食性杂　土鸡的食谱广泛，觅食能力强，可以自行觅食自然界中的各种昆虫、嫩草、植物种子、浆果、嫩叶、籽实等食物，有条件的地区，可以利用草场、草坡、林间、果园等自然资源，进行放牧饲养，减少精饲料消耗，降低生产成本，生产绿色产品。在配制土鸡饲料时，要因地制宜，利用当地各种动、植物饲料资源，做到饲料原料多样化。

（2）喜食粒状饲料　土鸡的喙便于啄食粒状饲料，在不同粒度的饲料混合物中，首先啄食直径3~4毫米的饲料颗粒，最后剩下的是饲料粉末。所以加工饲料时要有一定粒度，而且粒度均匀，以利于土鸡采食和满足其均衡的营养需要。

（3）喜有光时采食　土鸡喜欢群居生活，同步采食、饮水；土鸡采食行为都是在白天（有光照）进行的，而雏鸡要在晚上人工光照时补料。雏鸡每天的采食次数为 30 ～ 50 次，随日龄的增大，采食次数明显减少，但每次采食的时间延长；自然光照条件下，成年土鸡每天有两个采食高峰，一是日出后 2 ～ 3 小时，二是日落前 2 ～ 3 小时。生产上要在这两个时段保证饲料供应，满足其生长、产蛋的需求，同时要配足料槽、饮水器，满足其均衡生长的需要。

二、繁殖特点

（1）卵生，繁殖能力强　土鸡为卵生，这是与其祖先鸟类适应飞翔的生活习性相适应的。精子在母鸡体内保持受精能力长达 8 ～ 10 天，为长时间的保持受精创造条件。鸡的胚胎发育是在母体体外完成，受精卵形成排出体外后，当环境适宜时可重新发育成幼雏。鸡的性成熟早，繁殖力强。

> **提示**
>
> 可采用人工孵化的方法大量繁殖。

（2）繁殖的季节性与光照　母鸡的繁殖除与自身的营养状况有关外，还与外界环境条件（如光照、温度、饲料等因素）有关。在自然条件下，可以利用光照影响鸡的生殖机能和生产机能。光照促使鸡的生殖器官发育，性成熟提前并且影响蛋重、产蛋时间；另外，公鸡的精液品质和精液量也受其影响。自然光照下，光照使鸡的繁殖性能表现为一定的季节性。饲养于北半球的母鸡，每当日照逐渐延长的春季，鸡开始产蛋或产蛋量增多。

> **提示**
>
> 通过人为控制光照的方法使鸡由季节性繁殖变为全年的均匀性生产。

（3）抱性（就巢性）　抱性是鸟类的生物学特性之一，是其在自然条件下繁殖后代的一种基本方式。抱性是由于脑下垂体前叶分泌的相当于哺乳动物的催乳素作用的结果，具有高度的遗传性。

第
一
章

提示

可以通过选择育种减轻或去除抱性，白来航鸡就没有抱性。

三、呼吸特点

鸡的呼吸频率为每分钟 22～25 次。吸气和呼气都是主动过程（吸气时主要是通过肋间外肌收缩，使体腔容积增大，气囊的容积也随之增大，于是肺及气囊内呈负压，新鲜空气便进入肺和气囊。相反，呼气时肋间内肌收缩，体腔容积减小，肺及气囊内压升高，迫使气体经呼吸道及口腔排出体外）；高温高湿时，呼吸频率大幅增加；单位体积的耗氧量是其他家畜的 2 倍，所以对氧气不足很敏感。

四、生活习性

1. 耐寒喜暖

土鸡全身布满羽毛，形成了良好的隔热层，加之每年秋季土鸡要重新换上一身完整洁净的羽毛过冬，因此具有较强的耐寒性。土鸡喜欢温暖干燥的环境，因没有汗腺，加之全身羽毛形成的有效保温层，散热主要依靠呼吸和排泄。当气温超过 26.6℃时，随着气温的上升，鸡的呼吸频率加快，以增加热量的散失；当气温超过 30℃时，产蛋率下降；当气温超过 36℃时，鸡群会出现热应激死亡。所以，夏季饲养土鸡应该注意防暑降温。

提示

舍外放养一定要有树荫或凉棚，避免阳光直射，在阴凉下沙浴可防止中暑。

2. 体小灵活

土鸡体形小，体重轻，羽毛丰满，利于飞翔、攀高。土鸡反应灵敏，胆小怕惊，任何新的声响、动作、物品的突然出现和生产程序的突然变化，都会导致鸡只的惊叫、逃跑、炸群等应激反应。

3. 合群认巢

土鸡的合群性较强，喜欢成群活动，刚出壳几天的雏鸡就会找群，一旦离群就叫声不止。一般是以 1 只公鸡为首形成自然交配群。鸡生长到一定的日龄，相互之间争斗，形成一定的序位（根据个体之间争斗能力的强弱在鸡群中形成一种由强到弱的秩序），群体序位利于群体的稳定。

土鸡的认巢能力很强，能很快适应新环境，自动回到原处栖息。放牧饲养时，早上放出之前和晚上收圈时用哨子或口哨给鸡一个信号，然后再喂料，反复进行训练，经过 1 周后，鸡群就会建立条件反射。

4. 低产就巢

土鸡性成熟时间较晚，受季节影响大，春天饲养的土鸡性成熟早，秋季饲养的土鸡开产晚，一般开产日龄为 150 ~ 180 日龄。自然条件下，土鸡的产蛋性能具有极强的季节性，主要是受营养、温度和光照的影响，每年春、秋季是其产蛋率较高的时期。而在光照时间缩短、气温下降、营养供应不足的冬季会停止产蛋。所以，土鸡的年产蛋量低，一般只有 100 ~ 130 枚。土鸡都有不同程度的抱性（就巢性）。抱窝时母鸡会停止产蛋，也影响到产蛋量的提高。

> **提示**
>
> 规模化养殖土鸡时应注意提供适宜的环境条件，加强对种鸡的选择，淘汰抱性强的母鸡，提高生产性能。

5. 杂食

土鸡的消化系统结构特殊。鸡无牙齿，主要靠角质化的喙啄食，嗉囊与腺胃、腺胃与肌胃交接处狭窄，易于堵塞。因此，加工饲料时，要防止枯枝、铁丝、铁钉、羽毛、毛纤维、塑料布、编织线以及不易消化的青草混入饲料，以免被鸡误食形成堵塞，既而发展为软嗉、硬嗉病。放牧饲养时，注意清理牧场异物。鸡的唾液腺及其他消化腺不发达，对食物的机械消化作用主要在肌胃内（鸡的腺胃是分泌消化液的场所）进行。

鸡可以充分利用各种动物性、植物性、单细胞类和矿物质饲料，长期放牧饲养的土鸡能采食树叶、嫩草、青菜、昆虫、蚯蚓、蝇蛆、蚂蚁、沙砾等，也可在果园、收获后的庄稼地采食落在地里的果实和撒落在地里的粮食。

> **提示**
>
> 土鸡虽具有一定的耐粗饲能力，但在粗饲条件下生长较慢。

♂【小常识】>>>>

→鸡的抗病力较差：一是鸡的肺脏很小，但连接很多气囊，这些气囊充斥于体内各个部位，甚至进入骨腔中，通过空气传播的病原体可以沿呼吸道进入肺和气囊，从而进入体腔、肌肉、骨骼之中；二是鸡的横膈膜退化，胸腔与腹腔几乎完全相同，胸、腹腔感染疾病很容易相互传播至各部位的器官；三是鸡的生殖孔、直肠、尿道都开口于泄殖腔，各个系统的疾病容易相互传播；四是鸡没有淋巴结，缺少阻止病原体在机体内通行的"关卡"，降低了对疾病的抵抗力。

另外，土鸡喜欢登高栖息，习惯在栖架上休息。放牧饲养条件下，活动范围广，采食面积大。如果大规模高密度饲养，则易发生争斗及啄肛、啄羽等恶癖，如果措施不当，很容易出现啄死现象。

第二章 土鸡的品种及选择

　　土鸡品种繁多，各有特色，消费者的需求也有很大差异，所以，品种的选择十分重要。一要根据品种特点和市场需求选择适销、对路、优良的品种；二要注意从信誉高、质量好、有种禽种蛋经营许可证的种鸡场引种。

第一节　土鸡的主要品种

　　土鸡是我国的地方品种鸡（有的地方也称柴鸡），包括标准土鸡品种和选育土鸡品种。

一、标准土鸡品种

1. 桃源鸡

　　（1）产地与分布　桃源鸡原产于湖南省桃源县，分布在沅江以北、延至上游的三阳港、佘家坪一带。它以体形高大而驰名，也称桃源大鸡。

　　（2）外貌特征　桃源鸡体形高大，体质结实，羽毛蓬松，体躯稍长，呈长方形。公鸡姿态雄伟，性情勇猛而好斗，头颈高昂，尾部羽毛上翘，侧面呈"U"字形。母鸡体格稍高，性温驯，活泼好动，背部较长而平直，后躯深圆，近似方形。单冠，冠齿7~8个，公鸡冠直立，母鸡冠常倒向一侧。耳叶、肉髯鲜红。虹彩呈金黄色。公鸡全身呈金黄色或红色，主翼羽和尾羽呈黑色，梳状羽金黄色或间有黑斑。母鸡羽色有黄色和麻色两类。喙、胫呈青灰色，皮肤呈白色。

　　（3）生产性能　桃源鸡生长较慢，尤其是早期生长发育缓慢，在良好的饲养条件下，90日龄的公鸡体重1.0935千克，母鸡体重0.862千克。雏鸡羽毛生长速度迟缓，出壳后绒毛较稀。主、副翼羽一般要3周龄才能全部长出。还常可见光背、裸腹、秃尾的育成鸡。成年公鸡平均

体重3.34千克，成年母鸡2.94千克。母鸡500日龄的产蛋量为86~148枚，平均蛋重53.4克，蛋壳浅褐色。

提示

> 为提高生产性能，在选育的基础上，可有计划地开展杂交利用，向肉鸡商品化方向发展。

2. 清远麻鸡

（1）产地与分布 清远麻鸡产于广东省清远市。它以体形小、皮下及肌纤维间脂肪发达、皮薄、骨细、肉用品质优良而著名，为我国出口的小型土种肉仔鸡之一。

（2）外貌特征 清远麻鸡体形特征可概括为"一楔""二细""三麻身"。"一楔"指母鸡体形极像楔形，前躯紧凑，后躯圆大；"二细"指两脚较细；"三麻身"指鸡背部羽毛呈麻黄、麻棕、麻褐三种不同颜色。单冠直立，颜色鲜红，冠齿5~6个。肉髯、耳叶鲜红，虹彩橙黄色。公鸡体质结实，结构匀称，头大小适中，头颈、背部的羽毛金黄色，胸部羽毛、尾部羽毛及主翼羽毛黑色，腿较短、呈黄色，胫部、趾部短细且呈黄色。

（3）生产性能 120日龄的公鸡体重1.25千克，母鸡体重1.0千克。母鸡饲养至180日龄左右时，可达到上市体重。成年公鸡平均体重2.24千克，成年母鸡平均体重1.75千克。开产日龄为180日龄左右，年产蛋量为70~80枚，平均蛋重46.6克，蛋壳浅褐色，蛋形指数为1.31。羽毛生长速度，个体之间差异较大，一般80日龄的母鸡羽毛可长丰满，公鸡则要延长至95日龄以上。

提示

> 清远麻鸡肥育性能良好，屠宰率高。

3. 惠阳胡须鸡

（1）产地与分布 惠阳胡须鸡（三黄胡须鸡、龙岗鸡、龙门鸡、惠州鸡），原产于广东省惠州市惠阳区，是我国突出的优良地方肉用鸡种。它以胸肌发达、早熟易肥、肉质鲜嫩、颌下具有胡须状髯羽和黄羽等外貌特征而驰名中外，成为我国活鸡出口量大、经济价值高的传统商品肉鸡。

（2）外貌特征　惠阳胡须鸡胸深而背短，后躯丰满，体呈方形。头稍大，喙黄色、单冠直立、鲜红，无肉髯或仅有小肉髯，颌下有发达而张开的羽毛，形状似胡须。"胡须"有乳白、浅黄、棕黄三色。全身羽毛有深黄和浅黄。公鸡颈羽、鞍羽、小镰羽为金黄色，主羽尾的颜色分棕、黄、黑三色，以黑色居多。

（3）生产性能　初生雏平均体重为 31.6 克，12 周龄的公鸡平均重为 1.14 千克，母鸡平均重为 0.845 千克，8 周龄前生长速度较慢，生长最快阶段是 8～15 周龄。成年公鸡体重 2～2.5 千克；母鸡体重 1.5～2 千克。惠阳胡须母鸡在 6 月龄左右开产，年产蛋量为 45～55 枚，平均蛋重 46 克；惠阳胡须鸡属慢羽型品种，100 日龄时羽毛才长丰满。

> **提示**
>
> 　　惠阳胡须鸡肥育性能良好，脂肪沉积能力强。可利用这一优良资源开展杂交配套利用，既保持三黄胡须的外貌特征，又较快地提高繁殖力和生长速度。

4. 仙居鸡

（1）产地与分布　仙居鸡（梅林鸡）主要分布在浙江仙居县及邻近的临海、天台、黄岩等县。

（2）外貌特征　体形较小、结构紧凑，体态匀称，骨骼致密。羽色有黄、花、黑、白四种，以黄羽占多数，其次为花羽、黑羽、白羽。肉质好，味道鲜美可口，早熟、产蛋多、耗料少，觅食力强。目前育种主要为黄羽鸡种的选育，黄羽鸡羽毛紧密贴身，尾羽高翘，背部平直。成年公鸡冠直立，以黄羽为主，主翼羽红夹黑色，镰羽和尾羽均黑色，成年体重平均为 1.40 千克；成年母鸡冠矮，羽色较杂，以黄羽占优势，尚杂有少量白、黑羽，成年体重平均为 1.15 千克。

（3）生产性能　初生公鸡重为 32.7 克，母鸡为 31.6 克。180 日龄的公鸡体重 1.256 千克，母鸡为 0.953 千克。开产日龄为 180 日龄，年产蛋量为 160～180 枚，高者可达 200 枚以上，蛋重为 42 克左右，壳色以浅褐色为主，蛋形指数为 1.36。仙居鸡的生长速度与鸡肉的品质较好，3 月龄公鸡半净膛为 81.5%，全净膛为 70.0%；6 月龄公鸡半净膛为 82.7%，全净膛为 71%，母鸡半净膛为 82.96%，全净膛为 72.2%。配种能力强，可按公母性比以 1∶（16～20）进行组群。

第二章

第二章

提示

> 原为浙江省小型蛋用地方鸡种，现向蛋肉兼用型方向选育。供种单位有中国农业科学院家禽研究所地方鸡种开发中心、浙江仙居鸡种鸡场以及浙江余姚市神农畜禽有限公司。

5. 固始鸡

（1）产地与分布 原产于河南固始县，现主要分布于淮河流域以南，大别山脉北麓的固始县、商城、新县、淮滨等 10 个县市，安徽省霍邱、金寨等县也有分布，是我国优良的蛋肉兼用型鸡种。

（2）外貌特征 固始鸡外观紧凑、灵活，活泼好动，动作敏捷，觅食能力强。头部清秀、匀称，喙为青黄色，略短、微弯。眼大，略向外凸出，虹膜呈浅栗色。有单冠与豆冠两种冠型，以单冠为主，6 个冠峰，冠尾有分叉。冠、肉髯、耳叶与脸均为红色。固始鸡的躯体中等，体形细致紧凑，羽毛丰满。公鸡羽色呈深红色和黄色；母鸡以黄色和麻黄色为主，黑、白等色则少见。尾形分为佛手状尾形和直尾形两种。佛手状尾形，其尾羽向后上方卷曲，成为该品种的特征。镰羽多为黑色而富有青铜色光泽。皮肤呈暗白色，胫部为靛青色，无胫羽。

（3）生产性能 固始鸡的性成熟期较晚，平均开产日龄为 205 日龄，年产蛋量为 141 枚，平均蛋重为 51.4 克，蛋形指数为 1.32，与其他地方品种相比是最小的，蛋形偏圆。固始鸡具有抱性，在舍饲条件下为 10% 左右。固始鸡的前期生长速度较慢，屠宰率也不算很高。150 日龄的公鸡体重 0.8457 千克，母鸡 0.6516 千克。成年鸡公鸡半净膛为 81.7% 左右，全净膛为 73.9% 左右；成年母鸡半净膛为 80.2%，全净膛为 70.6%。公母以 1:12 的比例进行组群配种。

提示

> 河南固始县三高集团利用固始鸡的肉质优、风味好、耐粗饲、觅食力强、抗病力强、高腿等优良特性，培育出适宜放养的优质高效专门化的新品系，实行生态放牧生产。供种单位有固始县三高集团、中国农业科学院。

6. 杏花鸡

（1）产地与分布 杏花鸡因为主产地在广东省封开县杏花乡而得

名，当地也称"米仔鸡"。具有早熟、易肥、皮下和肌间脂肪分布均匀、骨骼细、皮薄、肌纤维细嫩等特点。属小型土鸡品种，也为我国主要活鸡出口品种之一。

（2）外貌特征　杏花鸡翼羽和副翼羽的内侧多为黑色，尾羽有几根黑羽。杏花鸡属小型肉用优良鸡种，是我国活鸡出口经济价值较高的名产鸡之一。该品种的典型特征是"三黄"（黄羽、黄胫、黄喙）、"三短"（颈短、胫短、体躯短）、"二细"（头细、颈细）。

（3）生产性能　牧养条件下，早期生长缓慢。在配合饲料喂养条件下，112日龄公鸡的平均体重可以达1.2561千克，母鸡平均体重1.0327千克。成年平均体重，公鸡为2.90千克，母鸡为2.70千克。杏花鸡皮肤多为浅黄色。因其皮薄且有皮下脂肪，故细腻光滑，加之肌肉间脂肪分布均匀，肉质优良，适宜于制作白切鸡。农村放养条件下，年产蛋量为60~90枚；在良好地人工饲养条件下，年平均产蛋为95枚，蛋重45克左右，蛋壳褐色。杏花鸡肉质较佳，但存在产蛋量少、繁殖力低、早期生长缓慢等缺点。

提示

杏花鸡以肉质好，味道鲜美名列广东三大名鸡之一。广东省有关部门已建立了杏花鸡种鸡场，对其保种起到了一定作用。广东省家禽研究所还利用它作为"仿土黄鸡"三系配套杂交生产商品肉鸡。

7. 霞烟鸡

（1）产地与分布　霞烟鸡（或下烟鸡），原产于广西容县石寨乡的下烟村。该鸡肉质好，肉味鲜，白切鸡块鲜嫩爽滑，深受国内外消费者欢迎。广东、北京、上海等省、市都曾引种霞烟鸡进行饲养，以供应市场。

（2）外貌特征　霞烟鸡体躯短而圆，腹部丰满，胸部宽、胸深与骨盆宽三者长度相近，整个外形呈方形，呈明显肉用型体征。成年鸡头较大，单冠、肉髯、耳叶均为鲜红色，虹彩呈橘红色，喙基部呈深褐色，喙尖浅黄色。颈部显得粗短，羽毛略为疏松。骨骼粗壮，皮肤白色或黄色，性成熟的公鸡腹部皮肤多呈红色。公鸡羽毛黄红色，母鸡羽毛浅黄色。尾部羽毛不发达。

（3）生产性能　成年公鸡的平均体重为2.18千克，成年母鸡为

1.92 千克。霞烟鸡在集约化饲养条件下，90 日龄的公鸡体重 0.922 千克，母鸡体重 0.776 千克。开产日龄为 170～180 日龄，农家饲养条件下年产蛋量为 80 枚左右，选育后的鸡群年产蛋量可达 110 枚左右，平均蛋重 43.6 克，蛋壳浅褐色，蛋形指数为 1.33。不足之处仍为繁殖力低，羽毛着生慢。在保障优良肉质和风味的前提下，尚需提高其生产性能。

8. 河田鸡

（1）产地与分布　河田鸡主产于福建省长汀县、上杭县，以长汀县河田镇为中心产区，相邻近的武平县部分地区也有饲养。

（2）外貌特征　河田鸡颈部粗，体躯较短，胸部宽，背阔，腿胫骨中等长，体躯呈长方形。分大型与小型两种，体形外貌相同。主要特征为鸡冠前部为单片，后部分裂成分叉状的冠尾。皮肤呈白色或黄色，胫黄色，肉质鲜美，深受港澳市场欢迎。公鸡单冠直立，鸡冠冠齿多为 5 个，色鲜红。耳叶呈椭圆形，红色。喙的基部呈褐色，喙尖则呈浅黄色。头部梳状羽呈浅褐色，背、胸、腹部羽毛呈浅黄色，尾羽、镰羽黑色有光泽，但镰羽不发达，主翼羽黑色，有浅黄色镶边。母鸡冠部基本与公鸡相同，但较矮小，羽毛以黄色为主，颈部深黄色，颈部羽毛的边缘呈黑色，形状似颈圈。

（3）生产性能　河田鸡生长慢，90 日龄的公鸡体重 0.5886 千克，母鸡为 0.4883 千克。成年公鸡的平均体重为 1.94 千克，母鸡为 1.42 千克。开产日龄为 180 日龄左右，年产蛋量为 100 枚左右，蛋重平均 42.9 克，蛋壳以浅褐色为主，少数灰白色，蛋形指数为 1.38。

9. 北京油鸡

（1）产地与分布　北京油鸡（或中华宫廷黄鸡）主要分布于北京朝阳区的大屯和洼里，海淀区也有分布。

（2）外貌特征　个体中等，在外貌体征上不仅具有黄羽、黄喙和黄胫的"三黄"特征，而且具有罕见的毛冠、毛腿和毛髯的"三毛"特征。因此，人们将"三黄"和"三毛"性状作为北京油鸡的主要外貌特征。冠型为单冠，母鸡冠叶较小，在前段形成一个小的"S"状褶曲；公鸡冠叶较大，往往偏向一侧。母鸡的头、尾稍翘，胫略短，体态敦实；公鸡羽毛色泽鲜艳发亮，头部高扬，尾羽高翘，多为黑羽。

（3）生产性能　公、母鸡 12 周龄平均体重为 0.9597 千克。20 周龄的公鸡平均体重可达 1.5 千克；母鸡达 1.2 千克。开产日龄为 150～160 日龄，体重约 1.6 千克。在农村放养的条件下，年产蛋量为 110 枚；选育鸡群年产蛋量可达140~150枚，蛋重50~54克。蛋壳颜色大多为浅褐色。

提示

北京油鸡以肉味鲜美、蛋质优良著称。曾作为宫廷御膳用鸡，距今已有300余年的历史。

10. 狼山鸡

（1）**产地与分布**　狼山鸡是我国古老的兼用型鸡种。原产地在长江三角洲北部的江苏如东县，通州市内也有分布。该鸡种在1872年首先传入英国，继而又传入其他国家。在国外，狼山鸡还与其他品种鸡杂交，培育出了诸如澳洲黑鸡、奥品顿等新品种。

（2）**外貌特征**　狼山鸡体形分为重型与轻型两种，狼山鸡的羽毛颜色分为黑色、黄色和白色三种，但以全黑色的为多，白色的最少，杂色羽毛的几乎没有。现主要保存了黑色鸡种，该鸡头部短圆、脸部、耳叶及肉髯均呈鲜红色，白皮肤，黑色胫。狼山鸡的体格健壮，羽毛紧密，头昂尾翘，背部较凹，形成明显的"U"字形。

（3）**生产性能**　年产蛋量为135~170枚，平均蛋重为58.7克。成年鸡个体很大，500日龄的成年体重公鸡为2.84千克，母鸡为2.283千克，6.5月龄屠宰测定：公鸡半净膛为82.8%左右，全净膛为76%左右，母鸡半净膛为80%，全净膛为69%。公母配种比例为1:（15~20），在放牧条件下可以达到1:（20~30）。种蛋受精率达到90.6%，受精蛋孵化率为80.8%。供种单位有中国农业科学院家禽研究所、江苏如东县狼山鸡种鸡场。

11. 大骨鸡（庄河鸡）

（1）**产地与分布**　主产于辽宁省庄河市，在庄河市周边的东沟、凤城、金县、新金、复县等地也有大量养殖，是由当地鸡与寿光鸡杂交，经长期选育而形成的兼用型鸡，也是我国较为理想的蛋肉兼用型土鸡种。

（2）**外貌特征**　胸深且广，背宽而农，腿高粗壮，腹部丰满，体形高大而有力。公鸡羽毛棕红色，尾羽黑色并带有金属光泽；母鸡多为麻黄色，头颈粗大，眼大而有神，喙、胫和趾均呈黄色。单冠，冠、耳叶和肉髯均呈红色。

（3）**生产性能**　早期生长速度较快，90日龄的公鸡体重可达1.0395

千克；母鸡为 0.881 千克。120 日龄的公鸡体重为 1.478 千克，母鸡为 1.202 千克。150 日龄的公鸡体重为 1.771 千克，母鸡为 1.415 千克。成年公鸡体重约为 2.9 千克，母鸡约为 2.3 千克。其产肉性能较好，屠宰率较高。开产日龄为 213 日龄左右，年产蛋量 160～180 枚，蛋重 62～64 克。蛋大是其突出的优点，蛋壳深褐色，壳厚而坚实，破损率较低。种鸡群的最适公母配比为 1:(8～10)。

12. 萧山鸡（越鸡）

（1）产地与分布　主产于浙江省的萧山、杭州、绍兴、上虞、余姚、慈溪等地。

（2）外貌特征　体形较大，外形近方而浑圆。公鸡体格健壮，羽毛紧密，头昂尾翘。单冠红色、直立、中等大小。肉髯、耳叶红色，眼球略小，虹彩橙黄色。喙稍弯曲，颈羽红黄色，基部褐色。羽毛有红、黄两种颜色，翼和背部等羽色稍深，尾羽多呈黑色。母鸡体态匀称，骨骼较细，全身羽毛基本黄色，但麻色也不少。颈、翼、尾羽杂有少量黑羽。单冠红色，冠齿大小不等。肉髯、耳叶红色，眼球蓝褐色，虹彩橙黄色。喙、胫黄色。

（3）生产性能　早期生长速度较快，90 日龄的公鸡体重可达 1.2479 千克，母鸡为 0.7938 千克。120 日龄的公鸡体重为 1.6046 千克，母鸡为 0.9215 千克。150 日龄的公鸡体重为 1.7858 千克，母鸡为 1.206 千克。成年公鸡平均体重为 2.75 千克，成年母鸡平均体重为 1.95 千克。屠体皮肤黄色，皮下脂肪较多，肉质好而味美。开产日龄为 164 日龄左右，年产蛋量 110～130 枚，蛋重 53 克左右。种鸡群的最适公母配比 1:12。近年来浙江省农业科学院等单位对萧山鸡进行了选育和开发工作。

13. 鹿苑鸡

（1）产地与分布　主产区是江苏省鹿苑、塘桥、妙桥和乘航等地，属肉用型土鸡品种。早在清代已作为"贡品"上贡皇室。

（2）外貌特征　体形高大，身躯结实，胸部较深，背部平直。全身羽毛黄色，紧贴体表，主翼羽、尾羽和颈羽有黑色斑纹。公鸡羽毛色泽较艳，梳羽、蓑羽和小镰羽呈金黄色，大镰羽呈黑色并富有光泽。胫、趾为黄色。

（3）生产性能　早期生长速度较快，90 日龄的公鸡体重可达 1.4752 千克，母鸡为 1.2017 千克。成年公鸡体重约为 3.1 千克，母鸡约为 2.4 千克。其产肉性能较好，屠宰率较高。开产日龄为 180 日龄左右，年产蛋量平均为144.7枚,平均蛋重55克。种鸡群的最适公母配比1:15。

14. 寿光鸡

(1) 产地与分布 主产于山东省寿光市,淮县、昌乐、益都、广饶等邻近各县市也有分布,属蛋肉兼用型土著鸡品种,以蛋重大而著称。

(2) 外貌特征 主要有大型和中型两种,还有少数是小型。大型寿光鸡外貌雄伟,体躯高大,体形近似方形。成年鸡全身羽毛黑色,有的部位呈深黑色并闪绿色光泽。单冠,公鸡冠大而直立,母鸡冠形有大小之分。寿光鸡为白色皮肤鸡种,胫、趾灰黑色,以黑羽、黑腿、黑喙的"三黑"特点著称。

(3) 生产性能 产蛋日龄,大型鸡为240日龄以上,中型鸡为145日龄,大型鸡年产蛋量为117.5枚,中型鸡产蛋122.5枚,大型鸡蛋重为65~75克,中型鸡蛋重为60克。大型鸡蛋形指数为1.32,中型鸡的为1.31;大型鸡蛋壳厚0.36毫米,中型鸡的厚0.358毫米。壳色为褐色。初生鸡重为42.4克,大型成年体重公鸡为3.609千克,母鸡为3.305千克;中型公鸡为2.875千克,母鸡为2.335千克。大型鸡的公母比例为1:(8~12),中型鸡为1:(10~12),种蛋的受精率为90%,受精蛋的孵化率为81%。供种单位为山东省寿光市慈伦种鸡场。

15. 汶上芦花鸡

(1) 产地与分布 主产于山东省汶上县及附近地区。

(2) 外貌特征 体表羽毛呈黑白相间的横斑羽,群众俗称"芦花鸡"。体形一致,呈"元宝"状。横斑羽,全身大部分羽毛呈黑白相间、宽窄一致的斑纹状。母鸡头部和颈羽边缘镶嵌橘红色或土黄色,羽毛紧密。公鸡颈羽和鞍羽多呈红色,尾羽呈黑色带有绿色光泽。单冠最多,双重冠、玫瑰冠、豌豆冠和草莓冠较少。喙基部为黑色,边缘及尖端呈白色。虹彩橘红色。胫色以白色为主。趾部颜色以白色最多。屠体皮肤白色。

(3) 生产性能 成年体重公鸡为1.4千克,母鸡为1.26千克。开产日龄为150~180日龄。年产蛋量为130~150枚,较好的饲养条件下产蛋量为180~200枚,高的可达250枚以上。平均蛋重为45克,蛋壳颜色多为粉红色,少数为白色。蛋形指数为1.32。

16. 卢氏鸡

(1) 产地与分布 主产于河南省卢氏县境内。

(2) 体貌特征 属小型蛋肉兼用型鸡种,体形结实紧凑,后躯发育

良好，羽毛紧贴，颈细长，背平直，翅紧贴，尾翘起，腿较长，冠型以单冠居多，少数为凤冠。喙以青色为主，黄色及粉色较少。胫多为青色。公鸡羽色以红黑色为主，占80%，其次是白色及黄色。母鸡以麻色为多，占52%，分为黄麻、黑麻和红麻，其次是白鸡和黑鸡。

（3）生产性能 成年公鸡体重为1.7千克，母鸡为1.11千克。180日龄的屠宰率：半净膛79.7%，全净膛75.0%。开产日龄为170日龄，年产蛋量为110～150枚，蛋重47克，蛋壳呈红褐色和青色，红褐色占96.4%。

提示

> 青壳蛋蛋清浓，蛋黄呈橘红色，经检测具有"三高一低"：高锌、高碘、高硒，低胆固醇，被誉为"鸡蛋中的人参"。

17. 浦东鸡

（1）产地与分布 浦东鸡（九斤黄）主产于黄浦江以东地区，在上海市南汇、奉贤、川沙等区县都有大量饲养。个体大，具有黄羽、黄喙、黄脚的特征。

（2）外貌特征 浦东鸡属肉用型土著鸡品种，体形大而宽阔，近似方形，骨粗腿高，公鸡羽色有黄胸黄背、红胸红背和黑胸黑背三种。主翼羽及副翼羽部分呈黑色，腹羽金黄色或带黑色。母鸡全身黄羽，有浅有深。主翼羽及副翼羽黄色，腹羽杂有褐色斑点。公鸡单冠直立，母鸡冠小。冠、肉髯、耳叶和脸均呈红色，肉髯薄而小。胫黄色，少数有胫羽。喙短而稍弯曲。浦东鸡早期羽毛生长缓慢，特别是公鸡，通常需至4月龄全身羽毛才能长齐。

（3）生产性能 90日龄的公鸡体重1.6千克，母鸡体重1.25千克。180日龄的公鸡体重3.346千克，母鸡体重2.213千克。成年公鸡体重3.6～4.0千克，母鸡体重2.8～3.1千克。屠体皮肤黄色，皮下脂肪较多，肉质优良。开产日龄平均为208日龄，年产蛋量平均为100～130枚，最高可达216枚，平均蛋重57.8克，蛋壳浅褐色。种鸡群的最适公母配比为1:10。

18. 丝羽乌鸡

（1）产地与分布 乌鸡一般是指丝羽乌鸡，是我国的一个地方品种。有时也把一些黑羽、黑胫的鸡称为乌鸡。乌鸡由于独特的体形外貌，性情温顺，适应性强，在国际标准中被列为观赏型鸡，世界各地动物园纷纷将其引入作为观赏型禽类。同时，还具有极大的药用和保健价值。

（2）外貌特征 纯种乌鸡的外貌特征表现为"十全"，即桑葚冠、缨头、绿耳、胡须、丝羽、五趾、毛脚、乌骨、乌肉、乌皮。除了白羽丝毛乌鸡，还培育出了黑羽丝毛乌鸡。

（3）生产性能 成年公鸡体重为 1.3～1.5 千克，母鸡为 1.0～1.25 千克。开产日龄为 170～180 日龄，年产蛋量平均为 100 枚左右，平均蛋重 40 克左右，蛋壳浅白色。在福建省经过选育的鸡群，150 日龄的公鸡体重为 1.46 千克，母鸡约为 1.37 千克。成年公鸡体重可达 1.81 千克，母鸡约为 1.66 千克。开产日龄为 205 日龄，年产蛋量为 120～150 枚，平均蛋重 46.8 克。

提示

丝羽乌鸡除作为观赏和药用外，在我国已作为特种土鸡大力推广饲养。

二、选育的土鸡品种

1. 岭南黄鸡

岭南黄鸡是广东省农科院畜牧研究所家禽研究室利用现代遗传育种技术选育成功的优质、节粮、高效的黄羽肉鸡新品种。包括 4 个优质黄羽矮小型肉鸡品系，5 个优质黄羽正常型肉鸡品系，均不含有隐性白羽血缘。为了达到节粮高效的目的，岭南黄鸡生产配套的基本模式是父本侧重生长速度，母本侧重产蛋性能。父母代饲养成本低，产蛋量多；商品代饲料转化率高，初生雏能自别雌雄，准确率达 99%。目前，推出的配套系有岭南黄鸡Ⅰ、Ⅱ、Ⅲ号，Ⅰ号为中速型，Ⅱ号为快大型，Ⅲ号为优质型。经国家家禽生产性能测定站检测，42 日龄的公母鸡平均体重为 1.3029 千克，耗料增重比为 1.83：1，成活率为 98.9%。在全国参加测试的 14 个黄羽肉鸡品种中岭南黄鸡是生长速度和饲料转化率最好的黄鸡配套系，产品质量达到国内领先水平，适合于南、北方各省市场。

2. 江村黄鸡 JH-1 号土鸡型

江村黄鸡是由广州市江丰实业有限公司培育的优良品种，特点是鸡冠鲜红直立，喙黄而短，全身羽毛匀黄，被毛紧贴，体形短而宽，肌肉丰满，肉质细嫩、鲜美，皮下脂肪特佳，抗逆性好，饲料转化率高。既适合于大规模集约化饲养，也适合于小群放养。

种鸡 68 周龄时产蛋量达 155 枚，商品代 100 日龄的母鸡体重 1.4 千克、耗料增重比为 3.2:1。

3. 康达尔黄鸡

康达尔黄鸡是由深圳市康达尔养鸡公司选育而成的优质三黄鸡配套系。它既有地方品种三黄鸡肉质嫩滑、口味鲜美的优点，又具有增重较快、胸肌发达、早熟、脚矮、抗病力强的遗传特性。

商品鸡在 16 周龄上市，公鸡体重 2.3 千克，母鸡体重 1.86 千克，料肉比为 3.2:1。

4. 新浦东鸡

新浦东鸡是由上海市农业科学院畜牧兽医研究所主持培育而成的。保留了浦东鸡体形大和肉质鲜美的特点，克服了早期发育和羽毛生长缓慢的缺点，是用作肉鸡生产和活鸡出口较为理想的品种。

该品种生长发育较快，体形变化明显。70 日龄的体重为 1.5 ~ 1.75 千克；成年公鸡平均体重为 4.3 千克，母鸡为 3.4 千克。全期平均产蛋率为 44.8%，饲养年产蛋量 300 日龄为 64.57 ~ 65.10 枚，500 日龄的年产蛋量为 140 ~ 152.5 枚；初产时平均蛋重 49.8 克，300 日龄的平均蛋重 60.3 克；0 ~ 300 日龄的平均日耗料 130 克/天，产蛋期的平均日耗料为 140 ~ 165 克/天，耗料增重比（0 ~ 70 日龄）为（2.6 ~ 3.0）:1。

5. 绿壳蛋鸡

蛋壳颜色是由基因决定的，主要绿壳蛋鸡品种如下。

（1）东乡黑羽绿壳蛋鸡　体形较小，产蛋性能较高，适应性强，羽毛全黑、乌皮、乌骨、乌肉、乌内脏，喙、趾均为黑色。该品种抱性较强，因而产蛋率较低。

（2）三凰绿壳蛋鸡　有黄羽、黑羽两个品系。单冠、黄喙、黄腿、耳叶红色。

（3）新杨绿壳蛋鸡　商品代母鸡羽毛白色，但多数鸡身上带有黑斑；单冠，冠、耳叶多数为红色，少数黑色；60% 左右的母鸡青脚、青喙，其余为黄脚、黄喙。

第二节　土鸡品种的选择

土鸡品种繁多，又各有不同的经济特点和适应性，必须进行科学选择和引进。品种选择和引进时要注意如下方面。

一、市场需求和价格

随着经济条件的改善和生活水平的提高，沿海发达地区和大中城市的消费者越来越喜爱土鸡（地方品种鸡或利用地方品种杂交），因为土鸡口味好，加上其健康的养殖方式，产品更加绿色。土鸡成年后公鸡出售，母鸡留作产蛋用，生产的蛋口味好，品质高，但产蛋量低，蛋品数量少，市场价格高。不同地区由于消费习惯不同，对土鸡外貌特征有不同要求，对鸡蛋的颜色要求也有不同，对土鸡的经济特点（包括蛋肉兼用型、蛋用型、肉用型）要求也有不同，所以选择品种时要考虑销售地区和消费对象的需求，选择他们喜爱的羽色、皮肤颜色、蛋壳颜色以及经济类型的品种。如北方人喜欢的多是羽毛颜色多种混杂的地方标准品种（或地方标准品种之间杂交的品种），南方不仅喜欢地方标准品种，也喜欢选育杂交的优质黄羽肉鸡品种。优质黄羽肉鸡品种在北方没有太大市场，大部分都在南方消费。

二、生产性能

土鸡品种类型众多，通常未经系统的选育，并且各地的生态环境和养殖方式也不尽相同。因此，不仅不同品种间生产性能差异较大，而且群体内不同个体间的生产性能也很不一致。由于人们重开发、轻选育，真正能够开展土鸡选育的种鸡场很少。市场上的种鸡来源混杂，群体整齐度较差，羽色、体貌、生产性能和体重大小都不够整齐。因此，在选择品种时应注意选择体形外貌一致，生产性能较好的品种，否则会对生产造成不利影响。

三、适应能力

土鸡多采用放养方式。放养阶段是在野外，外界环境条件不稳定，如温度、气流、光照等变化大，还会遭受雷鸣闪电、大风大雨、野兽或其他动物侵袭等一些意想不到的刺激，应激因素很多，再加之管理相对粗放，所以放养的鸡必须具有较强的抵抗力和适应能力，否则在放养时就可能出现较多的伤亡或严重影响生产性能的现象。放养过程中，要大量的觅食野生饲料资源，必须具有较强的觅食能力，同时，野生的饲料资源中含有较多的植物饲料，粗纤维含量高，所以放养的鸡还应具有较强的消化能力，以提高粗纤维的消化利用率。

四、饲养条件

土鸡放养较多，放养地的种类多种多样，如林地放养、园地放养、草地放养、大田放养、山地放养等。放养地不同，放养条件也有差异，也影响放养鸡的品种选择。果园、林地或山地放养要求选择腿细长，奔跑能力、觅食力和抗病力强，肉质好的小体形鸡（最重能达到 1~1.5 千克）。这种鸡觅食活动能达到几百米远，身体灵活能逃避敌害生物，尽管生长慢一些，但因为成活率高，市场售价高，饲养收入要大于其他鸡种；而若圈养，可以选择利用杂交方式选育的一些黑羽红冠带有土鸡特点的品种鸡（这些鸡生长速度相对比较快、体重比较大，但觅食能力和活动能力差，仅适合集中饲喂条件下的圈养）。

五、种鸡场管理水平

种鸡场的管理水平直接影响到其后代的质量和生产性能表现。要选择管理严格、信誉度高和有资质的种鸡场引种。

品种选择和引进不当导致企业倒闭的案例

　　河南焦作一个鸡场，规模为 10 万只，与广州某一公司合作，由饲养蛋鸡改为优质黄羽肉种鸡。广州公司提供种用雏鸡，回收种蛋，种用雏鸡的货款从回收种蛋的货款中扣除。鸡场饲养几批，效果不错，就将所有的蛋鸡改为优质黄羽肉种鸡，生产大量的种蛋，发送给广州公司。但公司拖欠大量货款，越欠越多，最后鸡场由于大量货款不能回收而缺少资金倒闭。

　　目前，选育或杂交的优质黄羽鸡饲养数量巨大，已形成了"北繁南养"的生产格局，北方利用丰富的饲料资源和适宜的气候条件饲养种鸡，生产种蛋；南方利用销售市场进行孵化、饲养商品鸡。所以，北方饲养种鸡的种鸡场在生产中要注意：一是选择规模较大、管理规范、信誉好、有种蛋种禽经营许可证的种鸡场（应该是祖代场）引种，这样种鸡质量好，生产的种蛋能够及时销售（黄羽肉鸡种蛋销售市场在南方，北方没有市场，如要销售也只能按商品蛋销售，价格低而成本高）；二是销售种蛋时要及时结算，最好款到发货，避免因种蛋发出去而货款收不回来影响正常的生产；三是要签订合同。

第三章 土鸡的繁育

土鸡育种中，既要注重土鸡生产性能，更要注意其装饰性状（如羽色、冠形、肤色、胫色、体形等）。装饰性状是"品相"，是销售的基础，只有适应市场需求，才能获得较好的市场效益。

第一节 土鸡的选育方法

育种实践中，不仅要注意生产性能的选择，而且要注意其装饰性状，如羽色、冠形、肤色、胫色、体形等的选择，以满足不同消费者的需求。

一、表型选择

根据鸡的外貌特征、生理特征和生产性能记录等进行选择。在育种实践中，快慢羽可进行表型选择，雏鸡出壳后第一天根据主翼羽和覆主翼羽的长短选择出快羽、慢羽，并分别组群繁殖，在以后各代中逐步选择淘汰慢羽群中的快羽，或经过测定淘汰慢羽群中的杂合子公雏。土鸡的装饰性状中鸡冠发育迟早的选择在30日龄左右进行，选择鸡冠发育快、颜色红润的个体留种。此外，绿壳蛋、产蛋性能、生长速度等性状的选择均采用表型选择。

二、个体选择

个体选择是指依据个体表型值进行的选择。它适合于质量性状和遗传力中等以上数量性状的选择，个体选择可以有效地改进体重、蛋重、蛋壳质量、羽毛生长速度和早熟性，是土鸡育种实践中常用的方法之一。

三、家系选择

家系选择是根据家系的表型值进行选择的一种方法。家系选择是现代家禽育种中广泛采用的一种方法，适应于遗传力低，但又很重要的经

济性状的选择，如产蛋量、受精率和生活力等。家系选择并不以个体表型值的大小为依据，而是以家系表型均值的大小为依据，以家系为单位进行选择。

家系选择与同胞选择属于同一范畴，但又有所不同，家系选择直接选留优秀家系，而同胞选择则是根据同胞成绩选留优秀个体。家系大时，二者没有多大差别，家系小时，二者有一定的差别，因同胞选择中同胞成绩对被选留种禽的育种值没有直接影响。家系选择常用于对母鸡的选择，而同胞选择常用于对公鸡的选择。

> **提示**
>
> 在育种实践中，注意将个体选择和家系选择结合进行，不能简单地割裂开来。

四、基因型选择

基因型选择是以表型选择为基础，根据被选个体的祖先、同胞、后裔和个体本身的遗传性能表现进行选择。

质量性状的基因型选择比较容易，利用孟德尔定律来进行遗传分析。例如，丝毛性状的选择，丝毛性状由一对隐性基因控制，在快大型乌鸡选育中，艾维茵肉鸡与丝毛乌鸡杂交 F_1 代全部为正常羽，F_1 代中出现的丝毛个体则为隐性纯合体，选择隐性个体纯繁可获得速长型丝毛鸡。而显性基因选择比较困难，因为显性纯合体和显性杂合体的表型相同。因此，除根据表型淘汰隐性个体外，还可应用侧交方法淘汰杂合子。

数量性状的选择比较复杂。任何一个数量性状的表型值都是遗传和环境共同作用的结果。一般我们把遗传效应分为加性效应、显性效应和互作效应。加性效应的基因值可真实地遗传给后代，而显性效应和互作效应虽然也受基因控制，但不能真实地遗传给后代，育种过程中不能固定，对育种工作意义不大。

五、单性状选择

单性状选择是针对某一个性状进行选择，在土鸡育种实践中也经常用到，特别是在一个有稳定遗传结构的群体中选择某一标志性性状时采用，如青胫、青喙、乌皮、乌骨等性状的选择。

六、多性状选择

多性状选择是指育种实践中对多个性状同时选择的一种方法，是家禽育种中常采用的方法。多性状的选择方法有顺序选择法（把所要选择的几个性状，按顺序一个一个来选，这种选择方法需较长时间，而且在遇到性状之间呈负相关时，很可能顾此失彼，在使用上有其局限性）、独立淘汰法（对各个待选性状规定一个淘汰标准，个体或家系只要其中一项指标未达标就被淘汰。这种方法易把一些个别性状优良的个体或家系淘汰掉，留下一些所谓的"中庸者"。但在鸡育种中，独立淘汰法仍有较强的实用价值）和综合指数选择法（综合指数选择法是对几个性状同时进行选择时，按照每个性状的遗传力和相关程度以及在经济上的重要性，制定一个能代表育种值的综合指数作为选择依据，选择指数比较高的个体留作种用）。

提示

独立淘汰法一般适用于一些不是最重要的，但又必须加以改进的次级选育性状，如受精率、孵化率或成活率甚至肉种鸡的产蛋量等性状；综合选择法在制定综合指数时，要按照每个性状的经济重要性或选择重要性的不同给出不同的加权值。

第二节 土鸡的纯种繁育和杂交利用

一、纯种繁育

纯种繁育指用同一品种内的公、母鸡进行配种繁殖。这种方式能保持一个品种的优良性状，有目的地进行系统选育，能不断提高该品种的生产能力和育种价值，所以，无论在种鸡场或是商品生产场都被广泛采用。但要注意，采用本品种繁育，容易出现近亲繁殖的缺点，尤其是规模小的鸡场，鸡群数量小，很难避免近亲繁殖，而引起后代的生活力和生产性能降低，体质变弱，发病率、死亡率增多，种蛋受精率、孵化率、产蛋率、蛋重和体重都会下降。为了避免近亲繁殖，必须进行血缘更新，即每隔几年应从外地引进体质强健、生产性能优良的同品种种公鸡进行配种。

二、杂交利用

不同品种间的公母鸡交配称为杂交。由两个或两个以上的品种杂交所获得的后代，具有亲代品种的某些特征和性能，丰富和扩大了遗传物质基础和变异性，因此，杂交是改良现有品种和培育新品种的重要方法。由于杂交 F_1 代常常表现出生活能力强、成活率高、生长发育快、产蛋产

肉量多、饲料报酬高、适应性和抗病力强的特点，所以在生产中利用杂交生产出的具有杂种优势的后代，作为商品鸡是经济而有效的。

1. 杂交亲本的选择

土鸡的杂交以有特殊性状的品系选育为基础，确定父系和母系两个选育方向，再用父系公鸡和母系母鸡杂交生产 F_1 代土鸡。特殊性状是指羽色、胫色、冠形和肤色等标志性性状（土鸡的标志性性状多为质量性状）。如芦花羽系，选择芦花羽的公鸡和母鸡建立核心群，淘汰杂种芦花羽公鸡，选育出纯种芦花羽公鸡和母鸡建立芦花羽系；再如青胫品系，青胫属隐性基因 Id 控制，选择青胫的公鸡和母鸡建立核心群，选育出纯种青胫系。

（1）父系选择 要求体形大、肌肉丰满、有一定的早期生长速度、肉质滑嫩、味道鲜美。羽毛以快羽最佳，丰满有光泽，羽色杂。鸡冠发育较早，颜色鲜红。胫以青色最好。

（2）母系选择 要求体形中等、有一定的载肉量、肉质鲜嫩、骨细、皮脆味鲜、产蛋率高、蛋重较大，适合于各种饲养方式。羽毛以快羽最佳，紧贴体躯，羽色多样（每个羽色品系羽色相同）。性成熟早，鸡冠发达，颜色以鲜红为主，也可以是乌冠。胫、喙以青色、黑色为佳，黄色次之，其他胫色也可。

> **提示**
>
> 选择的父系公鸡和母系母鸡杂交后获得的 F_1 代必须符合土鸡的外貌特征和生产性能要求。

2. 杂交利用模式

土鸡选育的目的就是通过品系间、品种间或品系与品种间杂交配套生产出符合市场需求的商品土鸡。亲本品系、品种选择确定后，品系、品种间杂交，进行配合力测定，选出最佳杂交配套模式用于生产商品土鸡。杂交利用模式的主要方式如下。

（1）品种间、品系间或两品系间杂交配套 这种杂交利用模式实际上是二元杂交和级进杂交。例如：

固始鸡（♂）×仙居黄胫鸡（♀）

↓

商品 F_1 代

F_1 代土鸡黄羽，单冠，体形适中，公雏黄胫，母雏青胫。

（2）三元杂交　采用 3 个品系或 3 个地方品种、3 个品系或品种之间等杂交配套生产 F_2 代土鸡。例如：

$$黄羽系（♂）×黑羽系（♀）$$
$$\downarrow$$
$$麻羽系（♂）×F_1 代鸡（♀）$$
$$\downarrow$$
$$商品\ F_2\ 代$$

这样杂交配套生产的 F_2 代商品土鸡含有两个以上地方品种或品系的血缘，羽色、胫色混杂，生长速度快，但鸡群整齐度稍差，适合需求杂羽色和杂色胫的消费者。

（3）杂交选育　这种方式是采用品种间、品系间或品种与品系间杂交产生的后代闭锁繁育，再经过 3～10 年培育出纯系和杂交配套品系的一种方法。这种方法耗时、成本高、见效慢，育种实践中应用较少。例如：

$$黄羽鸡（♂）×隐性白羽白洛克鸡（♀）$$
$$\downarrow$$
$$F_1 代（♂、♀）$$

F_1 代公鸡与母鸡横交固定，逐步建立黄羽纯系鸡种，淘汰每代出现的隐性白羽鸡。再用地方品种的公鸡与新培系的黄羽纯系母鸡杂交配套生产 F_1 代。这种方式有利于在杂交配套生产土鸡的同时培育纯系，为育种企业的长期发展奠定基础。

第三节　土鸡的配种方法

一、自然交配

1. 大群配种

大群配种是指公母鸡按照 1:（10～12）的比例组成 100 只以上的群体，使每只公鸡和母鸡间的交配次数均等的配种方法。这种方法多用于种鸡的繁殖扩群和商品土鸡苗的制种，大群配种的受精率高、孵化率高，而且需要公鸡的数量少。

2. 小间配种

一个配种小间以 8～12 只母鸡配 1 只公鸡，安装自闭式产蛋箱，种

鸡和种蛋均编号。种鸡用肩号或脚号，而将配种间号、公鸡号、母鸡号写在种蛋的小头便于谱系孵化。这种方法可以准确地知道雏鸡的父母，多用于家系繁殖。

二、人工授精

人工授精就是人工采集公鸡精液，然后输入母鸡的子宫内，使卵子受精。无论是用原精液输精还是稀释后的精液输精都能取得良好的受精率和孵化率。人工授精具有重要意义：一是可以降低饲养成本。自然交配条件下公母比例为 1:（8~12），而人工授精可以提高到 1:（20~40），种公鸡的饲养数量减少近 1/3；二是可以充分利用优质种公鸡，及时淘汰不良种公鸡，提高种蛋质量和雏鸡品种。

1. 采精前的准备工作

（1）公鸡的准备 公鸡开始训练之前，应将公鸡肛门周围 2 厘米范围内的羽毛剪除，腹部皮肤裸露区的直径应达到 3~4 厘米，以防羽毛挡住操作者的视线和采精时污染精液。

（2）公鸡的训练 公鸡应在使用前 4 周转入单笼饲养，在配种前 2~3 周，开始训练公鸡采精，每天 1 次或隔天 1 次。一旦训练成功，则应坚持隔日采精。公鸡经 3~4 次训练，可建立并产生条件反射，采到精液。大多数公鸡都能采到精液。有些发育良好的公鸡，如果采精人员的操作技术熟练，开始训练的当天便可采到精液。对于那些经过多次训练，仍不能建立条件反射的公鸡应予以淘汰，这种公鸡一般占其总数的 3% 左右。

（3）人工授精用具的消毒 人工授精用具有集精杯、刻度杯等。在使用前，均应进行彻底清洗、消毒、烘干。如无烘干设备，用具洗净后，可用蒸气消毒法消毒，消毒后用灭菌的生理盐水冲洗 2~3 次即可使用。

2. 公鸡选留

人工授精时，公母配种比例比自然比例扩大 3~4 倍，对后代影响大，要选择生产性能高的、本身生长发育良好的种公鸡。35 日龄左右选留健康活泼，发育良好，冠大色红的小公鸡；16 周龄时选生长发育好，毛色光亮，腹部柔软，按摩背部和尾根部尾巴上翘的小公鸡。每15~20 只母鸡选留 1 只公鸡；28 周龄左右通过采精训练，选择射精量大，精液品质良好的公鸡，每 40~60 只母鸡留 1 只公鸡，并增留 15% 作为后备公鸡。

3. 采精

（1）采精操作　常用的方法是按摩法。助手从公鸡笼中把公鸡抓出送给采精员。采精员坐在凳子上，接过公鸡，把公鸡两腿夹持在自己交叉的大腿间，根据习惯，一般左腿抬起交叉将鸡腿夹住。这样公鸡的胸部自然就会伏在术者的左腿上。一定不能让公鸡有挣扎的余地，以达到保定鸡的目的。公鸡保定以后，采精员从助手手中接过漏斗状的采精杯。接杯时用右手的食指与中指或中指与无名指将采精杯夹住，采精杯口朝向手背。夹好采精杯后，采精员即可进行按摩采精操作。左手大拇指和其余四指自然分开微弯曲，以掌面从公鸡背部靠翼基处向背腰部至尾根处，由轻至重来回按摩，同时，持采精杯的右手大拇指与其余四指分开由腹部向泄殖腔部轻轻按摩，左右手配合默契。按摩几次后，公鸡很快出现性反动动作，尾部向上翘起，肛门也向外翻出时，可见到勃起的生殖器，左手迅速将其尾羽拨向背侧，左手拇指和食指迅速跨在泄殖腔上两侧柔软部位，并向勃起的交配器轻轻挤压，乳白色的精液从精沟中流出，右手离开鸡体，将夹持的采精杯口朝上贴向外翻的肛门，接收外流的精液。公鸡排精时，左手一定要捏紧肛门两侧，不能放松，否则精液排出不完全，影响采精量。精液排完，即可放开左手，持杯的右手将杯递给收集精液的助手。捉鸡的助手把公鸡拿走，接着轮换另一只公鸡。接精液的助手将精液倒入集精杯内。收集到足够在半小时内输完的精液时，采精即告停止。一般情况下，如果采精技术熟练，10分钟左右可采20～30只中型品种的公鸡或30～35只轻型品种的公鸡，可采得一杯精液（8～10毫升），一个3人的输精小组，在半小时内即可输完。

采精也可一人操作。有的训练较好的或性反射强的公鸡，不需保定或只需按摩背部，即可迅速采得精液。

（2）注意事项

①　种公鸡在采精前3～4小时要停止摄食，以防止吃食过多，采精时排粪，而影响精液品质。

②　采精员要相对固定，不同采精员的采精手势和用力轻重不同，对公鸡的刺激和兴奋程度也不一样，引起公鸡性反应时间也不一样。

③　动作要迅速，采精员按摩刺激后公鸡已经产生性欲，交配器外翻时如果采精员的左手拇指和食指没有及时地跨在露出的交配器两侧挤压，则会错过良机，性反射消失，结果导致采不到精液或采精量过少。

④　采精员手势要正确，在挤压露出的交配器两侧时用力要轻，力大

易出血。

⑤1只公鸡使用1只采精杯，然后用吸管将精液吸到集精杯中混合待用。

（3）公鸡的使用 公鸡一般可以连续采精4~5天，休息1天。

4. 输精

输精是人工授精的最后一个技术环节。适时而准确地把一定量的精液输到母鸡生殖道的一定深度，是保证得到高受精率种蛋的关键。

（1）输精操作 输精时，一般是由两人操作，助手用左手握住母鸡的双翅并提起，令母鸡头朝上，肛门朝下；右手掌置于母鸡耻骨下，在腹部柔软处施以一定压力，泄殖腔内的输卵管口便会翻出（图3-1）。输精员可将输精器轻轻插入输卵管口内1~2厘米进行输精，当输精器插入的一瞬间，助手要立刻解除对母鸡腹部的压力，输精员方可将精液全部输入，而不外溢。

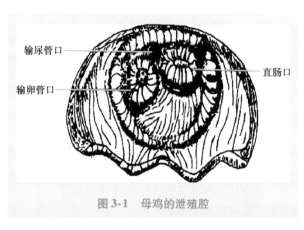

图3-1　母鸡的泄殖腔

对笼养种鸡进行人工输精时，不必从鸡笼中取出母鸡。只需助手以左手握种鸡的双腿，稍稍提起，将种鸡胸部靠在笼门口处，右手在腹部施以轻压，输卵管开口即可外露，输精员便可注入精液。

（2）输精量与输精次数 输精量与输精次数取决于精液品质、鸡群周龄和所在季节等。生产实践证明：使用精子活力5级、稠密的精液，在开产初期，每只母鸡一次输入原精液0.025~0.03毫升为宜，每5天输精1次，可获得高受精率的种蛋；在产蛋的中后期，每只母鸡一次输入原精液0.04~0.05毫升，每5天输精1次，也可保证高的受精率。在炎热的夏季和寒冷的冬季，不管是产蛋前期或是产蛋中后期，输精量均应适当增加。

另外，一般认为给母鸡输精，每次输精的精液内只要有1亿个以上的精子，就可获得高受精率的种蛋。

（3）输精时间 土种鸡最好在15：00以后进行输精。此时，母鸡当天产蛋已绝大部分结束，受精效果最好。

（4）输精注意事项 一是给母鸡腹部施加压力时，一定要着力于腹部左侧，才能使输卵管口顺利翻出，反之，则可引起母鸡排粪；二是无论使用哪种输精器，均需对准输卵管口中央，轻轻插入，切忌粗暴，以防止损伤输卵管黏膜；三是切忌输入空气或气泡；四是做到1只母鸡换1个输精管接头。如使用滴管类的输精器，必须每输1只母鸡用干燥的消毒棉球擦拭1次，以防止传播疾病；四是在母鸡第一次受精后48小时开始收集种蛋。

第四节 土鸡的孵化技术

一、种蛋的管理

1. 种蛋的选择

（1）种蛋的来源 种蛋应来源于生产性能稳定、高产，且无经蛋传播疾病的种鸡群，并且种鸡群要有良好的饲养管理技术，公母比例适当。

（2）种蛋的选择标准

① 种蛋的清洁度。使用不洁的种蛋入孵，会污染正常蛋和孵化器，增加臭蛋、死胚蛋，使孵化率和健雏率降低。因此，入孵的种蛋，蛋壳上不应粘有粪便、破蛋液等污物。

② 蛋重。不同品种鸡的蛋重是有差异的。但同一品种入孵的种蛋，应大小均匀一致，不能差异太大。蛋重过大，孵化时间较长，出雏较晚，雏鸡出壳体重大；蛋重过小，孵化时间较短，出雏较早，雏鸡出壳体重小。中等大小且均匀的种蛋孵化率和健雏率较高，孵出的雏鸡整齐度较好，成活率较高。因此，种蛋入孵前一定要认真进行挑选。

③ 蛋形指数。正常蛋形为椭圆形，蛋形指数为1.35，蛋形指数与孵化率、健雏率直接相关。过长、过圆、腰鼓形、双黄蛋、橄榄形的畸形蛋，其孵化率、健雏率明显低于正常蛋，不能用来孵化，故在入孵前应将其挑出，作为食用。

④ 蛋壳厚度。胚胎发育过程中所需的氧气以及排出的二氧化碳都有赖于蛋壳的扩散作用来完成。蛋壳过薄或气孔过多的砂皮蛋，在孵化过程中水分散失过快过多；反之，若蛋壳过厚，则胚胎气体交换受阻，影响孵化率。因此，种蛋入孵前，应选出砂皮蛋、钢皮蛋及蛋壳厚薄不均的皱纹蛋。

2. 种蛋的消毒

经过消毒的种蛋，孵化率高，雏鸡发病率低。生产上常用的消毒方法有以下两种。

（1）浸泡消毒

① 新洁尔灭浸泡消毒。消毒时将种蛋放入 0.1% 新洁尔灭水溶液中，浸泡 3 分钟，捞出后沥干，即可装盘入孵。

② 聚维酮碘浸泡消毒。配制 5% 聚维酮碘水溶液（含有效碘 0.5%）适量，将种蛋放入其中，浸泡 3 分钟，捞出后沥干，即可装盘入孵。

③ 高锰酸钾浸泡消毒。消毒时将种蛋放入 0.1% 高锰酸钾水溶液中，浸泡 3 分钟，捞出后沥干，即可装盘入孵。

> **注意**
>
> 浸泡消毒只能用于入孵前，种蛋储存前不能使用。因为浸泡能够破坏蛋壳外膜，不利于种蛋的储存，对胚胎也会产生不良影响。

（2）熏蒸消毒

① 甲醛-高锰酸钾熏蒸消毒。此种方法常在孵化器中进行，不但对种蛋进行了消毒，同时也对孵化器进行了消毒。每立方米用高锰酸钾 15g，40% 甲醛 30 毫升。先将盛有高锰酸钾的搪瓷器皿放入孵化器底部，然后加入甲醛，立即将孵化器门关闭，熏蒸 30 分钟。

② 过氧乙酸熏蒸消毒。此种方法可用于种蛋库和孵化器。每立方米用 1% 过氧乙酸溶液 30 毫升，熏蒸 60 分钟。

> **注意**
>
> 种蛋储存前最好在种鸡舍设置消毒柜，每次捡蛋后立即进行熏蒸消毒。熏蒸消毒时，温度应控制在 25~27℃（用过氧乙酸熏蒸消毒应将温度控制在 18℃左右），相对湿度为 75%~80%。

3. 种蛋的储存

（1）储存时间　种蛋储存时间一般以产后 1 周为宜，最长也不要超过 2 周。

（2）储存温度　储存期在 1 周以内以 18.3℃为宜；1～2 周以 12～15℃为宜；超过两周以 10.5℃为宜。温度超过 25℃，储存时间不超过 5 天；温度超过 30℃，储存时间不超过 3 天。

♂【小资料 】>>>>

➜受精蛋在母鸡输卵管中时胚胎已经开始发育，鸡蛋产出后，胚胎发育暂时停止。研究发现，鸡胚发育的临界温度为 23.9℃，当环境温度低于 23.9℃时，胚胎发育处于休眠状态；如果环境温度较高，但又达不到孵化温度 37.8℃时，胚胎发育是不完全和不稳定的，可致胚胎早期死亡。如果环境温度长时间处于 0℃，胚胎发育虽然处于休眠状态，但胚胎活力显著降低。

（3）储存湿度　种蛋储存过程中，蛋内水分可通过气孔不断向外蒸发。蒸发量的大小随储存时间和环境湿度的变化而变化，湿度大、储存时间短，蒸发量小，反之则蒸发量大。因此，必须使储存室保持适宜的湿度，一般以相对湿度在 75%～80%为宜。

注意

环境湿度过小，蛋内水分蒸发过多，影响孵化率；湿度过大，有利于霉菌滋生繁殖，使种蛋污染。

（4）种蛋放置状态　种蛋放置状态与种蛋储存时间有关，如储存期在 1 周以内时，蛋的大头向上或小头向上均可；如果储存期在 1 周以上时，种蛋放入蛋托时，则应小头向上放置。否则，孵化率会明显下降。

4. 种蛋的装运

起运前，必须将种蛋包装妥善，盛器要坚实，能承受较大的压力而不变形，并且还要有通气孔，一般用纸箱或塑料制的蛋箱盛放。装蛋时，每个蛋之间上下左右都要隔开，但不留空隙，以免松动时碰破。通常用纸屑或木屑、谷壳填充空隙。装蛋时，蛋要竖放，钝端在上，每箱

（筐）都要装满。然后整齐地排放在车（船）上，盖好防雨设备，冬季还要防风保湿，运行时不可剧烈颠簸，以免引起蛋壳或蛋黄膜破裂，损坏种蛋。经过长途运输的种蛋，到达目的地后，要及时开箱，取出种蛋，剔除破蛋，尽快消毒装盘入孵，千万不可储放。

提示

> 种蛋运输要平稳快速，防雨淋、日晒和振荡。

二、孵化条件

1. 温度

温度是种蛋孵化的首要条件。在胚胎发育的整个过程中，各种物质代谢，都是在一定的温度条件下进行的。适宜的温度是孵化成败的关键，孵化温度过高过低都会影响胚胎的发育。种蛋机器孵化的温度要求见表3-1。

表3-1　种蛋机器孵化的温度要求

胚龄/天	孵化室内温度/℃	孵化器内温度/℃
1 ~ 18	23.9 ~ 29.4	37.8
18 天以后	29.4 以上	37 ~ 37.5

2. 湿度

湿度与蛋内水分蒸发和胚胎物质代谢有密切关系，对胚胎的发育有较大影响。湿度偏高，蛋内水分不易蒸发，影响胚胎发育；湿度偏低，蛋内水分蒸发快，容易造成绒毛与蛋壳膜粘连现象。孵化前期，胚胎要形成大量羊水和尿囊液，孵化器内温度又较高，所以相对湿度需要大一些。一般前10天的相对湿度控制在65% ~ 70%；中间10天，为了排出羊水和尿囊液，相对湿度可降至55% ~ 60%；孵至后10天，为了防止绒毛粘连，要将相对湿度提高到70% ~ 75%。湿度与鸡胚破壳有直接关系，在湿度与空气中的二氧化碳的共同作用下，能使蛋壳变脆，便于雏鸡啄壳。

提示

> 孵化室相对湿度为50% ~ 60%。

3. 空气（通风换气）

鸡胚胎在发育的过程中，不断吸入氧气，排出二氧化碳，进行气体交换。孵化初期，胚胎的物质代谢能力较低，需要氧气较少，随胚龄增大，尿囊发育，呼吸量逐渐增加，孵至最后两天，胚胎开始用肺呼吸，吸入的氧气和呼出的二氧化碳比孵化初期增加100多倍。为保护胚胎的正常发育，孵化器必须有良好的通风条件，保证提供足够的新鲜空气。特别是孵化后期，通风量要逐渐增大，尤其是出雏期间，如果通风换气不足，易导致出雏前死胚增多。

注意

孵化室和出雏室的通风换气也非常重要。

4. 翻蛋

翻蛋的作用是使胚胎各部受热均匀，避免与蛋壳粘连，使蛋的不同部位受热相似，并促进气体代谢，有利于营养吸收，提高孵化率。机器孵化有自动或半自动翻蛋系统，可根据需要定时翻蛋。一般每昼夜可翻蛋4～12次。在整个孵化期中，前期翻蛋次数要多些，开始第1周特别重要，应适当增加翻蛋次数，而孵至最后3～4天，可停止翻蛋。翻蛋的角度以90°～100°效果最好。

5. 凉蛋

凉蛋的目的是帮助胚胎散发热量，促进气体代谢，改善血液循环，增强胚胎调节体温的能力，从而提高孵化率和雏鸡的品质。凉蛋就是在短时间内使蛋温降低。机器孵化时，照蛋、喷水也属于凉蛋工作，但经常性的凉蛋要每天进行。孵化前期，凉蛋的时间短一些，孵至第15天后，要逐渐增加凉蛋的时间，每天打开机器门2次，关闭热源，只开动风扇，并把蛋盘从蛋盘架上抽出1/3，再将温水喷洒在蛋上。随着胚龄增加，延长凉蛋时间，每天可凉蛋喷水2～3次，每天凉蛋的程度，以眼皮接触蛋壳感觉比较温和为宜。凉蛋结束，将蛋盘推回机器内，关闭机器门，接通热源。凉蛋的时间因季节、室温、胚龄而异，通常为20～30分钟。摊床孵化时，凉蛋与翻蛋结合进行。

提示

凉蛋不是机器孵化的必须程序，应根据情况凉蛋，也可不凉蛋。

三、胚胎发育特征

鸡的胚胎发育分为两个阶段：第一阶段在母体内进行，精子移动到漏斗口与卵子结合，在鸡体内较高的温度条件下开始发育，当受精蛋产出体外后，胚胎就处于相对静止的状态；第二阶段在母体外进行。若将受精蛋置于适宜的环境里孵化，胚胎就继续发育，经过 20~21 天（鸡的孵化期为 20~21 天），发育出壳成为雏鸡。孵化期内，胚胎每天都在变化，并且有一定的规律性。采取照蛋办法可以检验胚胎的发育情况（表3-2）。

表3-2　鸡胚胎发育和照蛋特征

胚龄/天	胚蛋解剖时的特征	照 蛋 特 征
1	胚盘重新开始发育；入孵24小时可见到绿豆大小的血岛	蛋黄表面有一颗颜色稍深、四周稍亮的圆点，俗称"鱼眼珠"
2	血液循环开始，卵黄囊血管区出现心脏，开始跳动，卵黄囊、羊膜和浆膜开始生出	已经可以看到卵黄囊血管区，其形状很像樱桃形，俗称"樱桃珠"
3	眼睛开始出现黑色，胚胎头尾分明，内脏器官开始形成，卵黄囊明显扩大	卵黄囊血管的分布像蚊子，俗称"蚊虫珠"
4	胚胎头明显增大，与卵黄分离，各器官和组织都已具备，可见脚、翼、喙的雏形；尿囊迅速生长，卵黄囊血管包围卵黄约1/3；羊水增加	卵黄不随着蛋转动而转动，俗称"钉壳"；胚胎和卵黄囊血管形状像一只小的蜘蛛，又称"小蜘蛛"
5	胚胎头弯向胸部，四肢开始发育，已具有鸟类外形特征，生殖器官形成，公母已定；尿囊与浆膜、壳膜接近，血管网向四周发射	能明显看到黑色的眼点，称"单珠"或"起眼"
6	胚胎的躯干部增大，喙部形成，翅与腿可分辨，胚胎开始活动，羊膜有规律的收缩，卵黄囊包围1/2以上的卵黄，尿囊迅速增大	胚胎头部明显，与弯曲增大的躯干部形似"电话筒"，俗称"双珠"
7	胚胎已现明显的鸟类特征，颈伸长，翼、喙明显，脚上生出趾，卵黄增大达最大，蛋白重量减少	羊水增多，胚胎活动尚不强，似沉在羊水中，俗称"沉"；正面已布满扩大的卵黄和血管

（续）

胚龄/天	胚蛋解剖时的特征	照蛋特征
8	胚胎的肋骨、肺、肝脏和胃明显，四肢成形	正面：胚胎较易看到，像浮在水中，俗称"浮"；背面：卵黄扩大到背面，转动时两边卵黄不易晃动，称"边口发硬"
9	胚胎眼裂呈椭圆形，脚趾上出现爪，绒毛原基扩展到头、颈部，羽毛突起明显，腹腔愈合，软骨开始骨化，尿囊迅速向小头伸展，几乎包围了整个胚胎	蛋转动时，两边卵黄容易晃动，俗称"晃得动"；背面尿囊血管迅速伸展，越出卵黄，俗称"发边"
10	胚胎的头部偏向气室，眼裂缩小，喙具一定形状，趾角质化，全部躯干覆以绒羽，尿囊在蛋的小头完全合拢	尿囊血管继续伸展，在蛋小头合拢，整个蛋除气室外都布满血管，俗称"合拢"或"长足"
11	胚胎各器官进一步发育，头部和翅生出羽毛，腺胃可区别出来，足部鳞片明显可见	血管开始加粗，血管颜色开始加深
12	鼻孔出现，肾脏开始工作，小头蛋白由一管状道（浆羊膜道）输入羊膜腔中	血管继续加粗，颜色逐渐加深；左右两边卵黄在大头端连接
13	胚胎头部位于翼下，生长迅速，骨化作用急剧，胚胎大量吞食稀释的蛋白，尿囊中有白絮状排泄物出现，绒毛覆盖头部	
14	卵黄与蛋白显著减少，羊膜腔及尿囊中液体减少，绒毛明显覆盖全身，气室逐渐增大	背面：小头发亮的部分逐渐缩小，蛋内黑影部分则相应增大，胚体不断增大
15	胚胎的头部全在翼下，眼睛已被眼睑覆盖，胚胎开始由横向转向纵向	
16	冠和肉髯明显，蛋白几乎被吸到羊膜腔内	
17	鼻孔已形成，小头蛋白已全部输入到羊膜囊中，蛋壳与尿囊极易剥离	小头看不到发亮的部分，俗称"封门"
18	喙开始朝向气室端，眼睛睁开，吞食蛋白结束，卵黄已有少量进入腹中	胚胎转身使气室朝一方倾斜，俗称"斜口"

（续）

胚龄/天	胚蛋解剖时的特征	照蛋特征
19	胚胎两腿弯曲朝向头部，颈部肌肉发达，同时大转身，颈部及翅突入气室内，准备啄壳；卵黄绝大部分已进入腹中，尿囊血管逐渐萎缩，胚膜完全退化	气室内可以看到黑影在闪动，俗称"闪毛"
20	胚胎的喙进入气室，开始啄壳见瞟，卵黄收净，可听到雏的叫声，肺呼吸开始，尿囊血管枯萎，少量雏鸡出壳	开始啄壳，俗称"啄壳"或"见瞟"
21	出壳重为蛋重的65%～70%，腹中尚有5克左右的卵黄	出壳完毕

四、孵化操作

1. 传统孵化法

种蛋的传统孵化法有温室孵化、水孵化、火炕孵化、缸孵化、煤油灯孵化等。现在使用较少，仅在交通不便、电力不足或孵化规模较小时使用。

2. 机器孵化

（1）孵化设备和用具　土鸡的机器孵化设备有孵化器和出雏器，另需要蛋架车、孵化盘、出雏盘、照蛋器、清洗机等用具。目前土鸡产业化生产均采用全自动孵化器和出雏器。孵化厅要备用专门化的发电机组，以防突然停电引起的经济损失。

（2）机械孵化操作

① 入孵前的准备。孵化前要对孵化器进行全面检修，温度、湿度的控制要求为孵化器内的各部温差不超过0.2℃；孵化时，机器内各部湿差不超过3%。调节方法是在地面上洒水，机器内增加或减少水盘。入孵前将孵化室和孵化器具彻底消毒。

② 种蛋的预热。入孵前种蛋要预热，如果凉蛋直接放入孵化器内，由于温差悬殊对胚胎发育不利，还会使种蛋表面凝结水汽。预热对存放时间长的种蛋和孵化率低的种蛋更为有利。一般在18～22℃的孵化室内预热6～18小时。

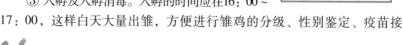

孵化器内的土鸡蛋

③ 入孵及入孵消毒。入孵的时间应在16：00～17：00，这样白天大量出雏，方便进行雏鸡的分级、性别鉴定、疫苗接

种和装箱等工作。种蛋要大头向上码入蛋盘中，分批入孵时"新蛋"与"老蛋"交错放置，彼此调节温度。

当机器内温度升高到27℃、湿度达到65%时，进行入孵消毒。方法为甲醛熏蒸法，孵化器每立方米用40%甲醛溶液30毫升、高锰酸钾15克，熏蒸20分钟，然后打开排风扇，排除甲醛气体。

④ 温度、湿度调节。入孵前要根据不同的季节、前几次的孵化经验设定合理的孵化温度、湿度，设定好以后，旋钮不能随意扭动。刚入孵时，开门上蛋会引起热量散失，同时种蛋和孵化盘也要吸收热量，这样会造成孵化器温度暂时降低，经3～6小时即可恢复正常。孵化开始后，要对机显温度和湿度、门表温度和湿度进行观察记录。一般每隔30分钟观察1次，每隔2小时记录1次，以便及时发现问题，并尽快处理。有经验的孵化人员，要经常用手触摸胚蛋或放在眼皮上测温，实行"看胚施温"。正常温度情况下，眼皮感温要求微温，温而不凉。

⑤ 通风换气。在不影响温度、湿度的情况下，通风换气越畅通越好。在恒温孵化时，孵化器的通气孔要打开一半以上，落盘后全部打开。变温孵化时，随胚胎日龄的增加，需要的氧气量逐渐增多，所以要逐渐开大排气孔，尤其是孵化第14～15天以后，更要注意换气、散热。

⑥ 翻蛋。入孵后12小时开始翻蛋，每2小时翻蛋1次，每昼夜翻蛋12次。在出雏前3天移入出雏盘后停止翻蛋。孵化初期适当增加翻蛋次数，有利于种蛋受热均匀和胚胎正常发育。每次翻蛋的时间间隔要相等。

⑦ 照蛋。孵化期间一般照蛋2次，也有在落盘时再照1次的。通过照蛋查明胚胎发育情况及孵化条件是否合适，为下一步采取措施提供依据并剔出无精蛋和死胚蛋，以免污染孵化器，影响其他蛋的正常发育。

5天头照，特征是"单珠"；10天二照，特征是"合拢"；18天三照，特征是"闪毛"。正常蛋和异常蛋的区别见表3-3。

表3-3　正常蛋和异常蛋的区别

	头　　照	二　　照	三　　照
正常蛋	可见明显的血管网，气室界限明显，胚胎活动，蛋转动胚胎也随着转动，可见到黑色的眼点（剖检时可见到胚胎黑色的眼睛）	种蛋的正面小头有血管网分布，活胚呈黑红色，可见到粗大的血管及胚胎活动	气室的边缘呈弯曲倾斜状，气室中有黑影闪动

（续）

	头　照	二　照	三　照
异常蛋	颜色发浅，只能看见卵黄的影子，其余部分透明，旋转种蛋时，可见扁形的蛋黄悠荡飘转，转速快是无精蛋；不规则的血环或几条血管贴在蛋壳上，形成血圈、血弧、血点或断裂的血管痕迹，无放射形血管的是死胚蛋	气室界限模糊，胚胎黑团状，有时可见气室和蛋身下部发亮。无血管、有残余的血丝或胚胎阴影的是死胚蛋	小头透亮，则为死蛋；胚蛋气室边缘整齐，血管发红，气室小的多是发育慢的胚蛋

⑧ 落盘（移盘）。孵化到第18～19天时，将入孵蛋移至出雏盘，这个过程称落盘。要防止在孵化蛋盘上出雏，以免被风扇打死或落入水盘溺死。

⑨ 拣雏和人工助产。出雏孵化到20.5天时，开始出雏。这时要保持孵化器内温度、湿度的相对稳定，并要及时拣雏。有30%的雏鸡出壳后进行第一次拣雏；70%的雏鸡出壳后进行第二次拣雏，剩余的在最后一次拣雏。每次拣雏一定将蛋壳拣出，第二次拣雏后将剩余的胚蛋集中放在温度稍高的地方，出雏期间保持出雏箱内黑暗。第二次和第三次拣雏时要注意帮助那些自行出壳困难的胚蛋（人工助产）。注意观察，若胚蛋已经啄破，壳下膜变成橘黄色，说明尿囊膜血管已萎缩，出壳困难，可以人工助产。若壳下膜仍为白色，则尿囊血管未萎缩，这时人工破壳会造成出血死亡。人工破壳是从啄壳孔处剥离蛋壳1厘米左右，把雏鸡的头颈拉出并放回出雏箱中继续孵化至出雏。

拣雏

⑩ 清扫与消毒。为保持孵化器的清洁卫生，必须在每次出雏结束后，对孵化器进行彻底清扫和消毒。在消毒前，先将孵化用具用水浸润，用刷子除掉脏污，再用消毒液消毒，最后用清水洗干净，沥干后备用。孵化器的消毒，可用3%来苏儿喷洒或用福尔马林熏蒸法消毒。

提示

　　停电时，重点是保温，但也要注意通风，具体措施为：一是断电源，提高室温至27～30℃；二是如有10天内的种蛋，应关闭进出气孔，以利保温；三是孵化后期的胚蛋，停电后每隔15～20分钟应翻蛋1次，每隔1小时打开半扇门转动风扇2～3分钟，驱除孵化器内积热；四是如有17天的胚蛋，应提前落盘；五是密切观察胚蛋的温度变化。

3. 出雏的管理

出雏期间不要经常打开机器门，以免降低器内温度和湿度，影响出雏。出雏开始后应关闭器内照明灯，以避免雏鸡的骚动。雏鸡从出雏盘内拣出后，应立即进行雌雄鉴别，注射马立克氏疫苗免疫。

注意

> 助产只能在尿囊血管枯萎时进行，否则容易引起雏鸡大量出血，造成死亡。

4. 孵化记录

（1）孵化室日程表（表3-4）　该表的目的是合理安排孵化室的工作日程。尽量把各批次之间入孵、照蛋、移盘、出雏工作错开，一般每周入孵两批，工作效率较高。

表3-4　孵化室日程表

项目批次	器号	入孵		头照		二照		移盘		出雏	
		月	日	月	日	月	日	月	日	月	日

（2）孵化条件记录表（表3-5）　在孵化的过程甲，值班人员每2小时观察记录孵化器温度、湿度1次；对孵化室的温度、湿度也要做记录。

表3-5　孵化条件记录表

项目时间/小时	孵化室		孵化器				值班人员	备注
	温度	湿度	温度	湿度	翻蛋	凉蛋		
0								
2								
4								
6								
8								
10								
12								

（续）

项目时间/小时	孵化室		孵化器				值班人员	备注
	温度	湿度	温度	湿度	翻蛋	凉蛋		
14								
16								
18								
20								
22								

（3）孵化成绩统计表（表3-6） 每批孵化结束后，要对本批孵化情况进行统计和分析。

表3-6 孵化成绩统计表

批次	品种	种蛋来源	入孵日期	入孵蛋数	照蛋			出雏情况				受精蛋数	受精率	孵化率		健雏率	备注
					无精蛋	死精蛋	破蛋	移盘数	健雏数	弱雏数	死胚蛋			受精蛋	入孵蛋		

五、雏鸡管理

1. 雏鸡的雌雄鉴别

雏鸡的雌雄鉴别有利于合理安排生产计划、提高群体均匀程度和提高资源利用效率。土鸡多是传统的品种，不具备自别雌雄的基因条件，多采用翻肛鉴别法。

将刚出壳的雏鸡握在左手中，排除肛内粪便，翻开肛门观察生殖突起的发育情况和状态。雄雏的生殖突起（阴茎）位于泄殖腔下端八字皱襞的中央，呈小点状，直径0.3~1.0毫米，一般为0.5毫米，充实而有光泽，轮廓清晰。雌雏的生殖突起退化，无突起点或有少许残余。少数雌雏可有不规则的小突起，但不充实。

刚出壳的雏鸡

雏鸡雌雄鉴别

这种方法适用于出壳 12 ~ 24 小时以内雏鸡的雌雄鉴别。因为此时雌雄雏鸡的生殖突起差别最明显，以后随着时间的推移，生殖突起就会逐渐陷入泄殖腔的深处，而不易观察。

2. 雏鸡的分级

每次孵化，总有一些弱雏和畸形雏。雏鸡进行雌雄鉴别时，应同时将头部弯曲、颈部弯曲、趾部弯曲、关节肿大、瞎眼、大肚、残肢、残翅的雏鸡挑出淘汰。雌雄鉴别后，应将雏鸡按体质强、弱进行分级，分别进行饲养。这样可以使雏鸡发育均匀，减少疾病感染的机会，提高雏鸡成活率。健雏与弱雏的区别见表 3-7。

表 3-7 健雏与弱雏的区别

项 目	健 雏	弱 雏
绒毛	绒毛整洁，长短适中，色泽光亮	污秽蓬乱，缺乏光泽，有时绒毛短缺
体重	大小均匀，体态匀称	大小不一，过重或过轻
脐部	愈合良好，干燥，覆盖有绒毛	愈合不良，有黏液或卵黄囊外露，触摸有硬块
腹部	大小适中，柔软	特别大
精神	活泼好动，反应灵敏	站立不稳，闭目，反应迟钝
叫声	响亮而清脆	嘶哑或鸣叫不休

3. 雏鸡的运输

雏鸡经雌雄鉴别，分级装箱后，一般应在 24 小时内运到育雏室，长途运输也不应超过 48 小时，以免中途死亡。路程过远，可采用飞机空运。

运雏的基本要求是卫生、及时、安全、舒适。装雏最好选用专用的雏鸡箱，雏鸡箱一般用瓦楞纸制成，长 60 厘米、宽 45 厘米、高 18 厘米，四周均有通气孔，内部分为 4 格，底部垫锯末或麦秸，每格可容雏鸡 25 只，每箱 100 只。运雏的车辆应装有空调，装车前应进行清洗和消

第三章

毒，装车时箱与箱之间应留出通气道，运雏箱要平稳、牢靠，耐振动，不倾斜。雏鸡运达目的地后，应立即卸车，并将雏鸡放入育雏室，休息1~2小时后，再开食和饮水。

出壳雏鸡装入雏鸡盒准备运输

出壳后进入育雏舍的雏鸡

注意

雏鸡要尽早到达育雏室开食和饮水，开食和饮水越早越有利于雏鸡的生长发育。

土鸡杂交改良案例

河南省辉县市一养殖场，饲养贵妃鸡种鸡5000套。贵妃鸡外貌雍容华贵，肉质好，深受消费者喜欢，但适应能力较差，死亡率较高，影响养殖效益和推广。为此，该养殖场选用芦花鸡的公鸡与贵妃鸡母鸡杂交，然后选育出F_1公鸡作为父本再与贵妃鸡母鸡杂交，这样获得的后代具有了贵妃鸡的外貌，适应力提高，死亡率降低，容易推广饲养，获得较好的养殖效益。

雏鸡运输不当引起的大批死亡案例

河南省新乡市一鸡场在北京购买雏鸡10000只，运输途中由于堵车使雏鸡在路途多停留了近15小时，入育雏室前两周，出现大量弱雏，雏鸡死亡率达到10%以上。其原因是出壳后入室时间太晚，雏鸡脱水严重，体质变弱，成活率降低。

第四章　土鸡的营养需要与日粮配制

土鸡的生产性能较低，如生长速度较慢、产蛋量较少。消费者要求土鸡羽毛覆盖完全、有光泽，鸡冠鲜红，体形紧凑，肉质鲜美，皮脆骨细以及蛋用土鸡所产蛋的蛋白浓稠，蛋黄颜色较深等。因此，土鸡的营养需要和饲料配制同其他鸡有所差异。

第一节　土鸡需要的营养物质

一、水

水是土鸡体的重要组成成分（鸡体内含水量在50%~60%），参与体内各种代谢，是重要的营养素。土鸡失去所有的脂肪和一半的蛋白质仍能成活，但失去体内水分的1/10则多数会死亡（雏鸡含水量为85%、成鸡含水量为55%）。

提示

> 土鸡所需要水分的6%来自饲料，19%来自代谢水，其余的75%则靠饮水获得，如果饮水不足，饲料消化率和生长速度就会下降，严重时会影响健康，甚至引起死亡。必须供给充足、清洁的饮水，尤其是在高温环境下。

二、蛋白质

蛋白质是生命活动的物质基础，不仅是构成土鸡器官、组织、细胞的基本原料，也为鸡体提供能量。饲料蛋白质不足会影响土鸡的生长和生产，但饲料中蛋白质含量过高时，将增加饲料成本，造成不必要的浪费，还会引起土鸡代谢紊乱，造成痛风症及发生蛋白质中毒现象，特别是对种

鸡产生不利影响。饲料中蛋白质进入鸡的消化道，经过消化和各种酶的作用，分解成氨基酸之后被吸收，成为构成鸡体蛋白质的基础物质，所以蛋白质的营养实质上是氨基酸的营养。各种氨基酸必须充足和平衡。

♪【小知识】>>>>

> 在考虑蛋白质的需要时，还要注意蛋白质与能量之间的相互关系。目前我国鸡的饲养标准中的蛋白质能量比（克/兆焦），就是表示此种关系的指标。如果二者之间的比例不当，不但会降低饲料中蛋白质的利用率，而且还会影响鸡的健康，降低生产性能。

三、能量

土鸡的生长、繁殖、运动、呼吸、血液循环、消化、吸收、排泄、神经传导、体液分泌和体温调节等都需要能量。饲料中的碳水化合物和脂肪是土鸡获得能量的主要来源，某些情况下蛋白质也可分解产生能量。

提示

> 脂肪所含能量较高，是碳水化合物、蛋白质的 2.25 倍。生产中为了获得较高的能量饲料，需要在饲料中加入油脂。另外，脂肪利用时所产热量最少，夏季在饲料中添加脂肪有利于缓解热应激；蛋白质饲料价格昂贵，要避免用蛋白质作为能量来源；饲料中能量的主要来源是碳水化合物，通常占到饲料干物质的1/3。

影响土鸡能量需要的主要因素：①体重大小。体重大，增重速度快，需要的能量多；反之，体重小，增重慢，需要的能量少。如果按单位体重来计算能量需要，体重小的鸡所需的能量大于体重大的鸡所需的能量。②产蛋率和蛋重。产蛋率高和蛋重大，需要的能量多。③饲养方式。放牧饲养比舍饲需要的能量多；平养比笼养需要的能量多。④环境温度。环境温度与采食量有关。28 日龄以后土鸡的最佳生长温度是 20～25℃，超过 25℃时，饲料中的能量应相应提高，以免气温高影响采食量导致的能量摄入不足。环境温度低于 20℃，饲料中的能量浓度可适当降低。对于种鸡来说，适宜的产蛋温度是 12～30℃，适宜的生长期温度是 18℃以上，42 日龄以后可控制在 12℃以上。

四、矿物质

矿物质是构成土鸡骨骼、蛋壳、羽毛、血液等组织不可缺少的成分，对鸡的生长发育、生理功能及繁殖系统具有重要作用。按照各种矿物元素在动物体内的含量不同，可将其分为常量元素与微量元素两类。常量元素是指占动物体总重量 0.01% 以上的元素，包括钙、磷、镁、钠、钾、氯和硫 7 种元素；微量元素则是指占动物体总重量 0.01% 以下的元素，包括铁、铜、锌、锰、碘、钴、硒、钼、铬等 40 余种元素。常量元素占动物体内矿物元素总量的 99.95%；而微量元素则仅占矿物元素总量的 0.05%。

不同元素在体内有不同的生物学作用，主要矿物元素的种类及作用见表 4-1。

表 4-1　主要矿物元素的种类及作用

种类	名称	主 要 功 能	缺乏或过量表现
常量元素	钙	形成骨骼和蛋壳，促进血液凝固，维持神经、肌肉正常机能和细胞渗透压	雏鸡缺钙易患佝偻病；成鸡缺钙骨质松软易折断；产蛋鸡缺钙时出现软壳蛋和无壳蛋，蛋壳薄、易破碎（土鸡产蛋期饲料中钙含量达到 3%~3.5% 才能维持正常的蛋壳品质）。钙量过多可影响镁、锰、锌的吸收，妨碍雏鸡生长
	磷	骨骼和卵黄卵磷脂的组成部分，参与许多辅酶的合成，是血液缓冲物质	鸡体内缺乏磷元素时，表现食欲减退，消瘦，生长缓慢，异食（啄肛、啄羽等）；关节硬化，骨质易碎，甚至可出现营养性瘫痪。过量时，蛋壳质量变差，破蛋增多
	钠	是血液、胃液和其他细胞外液中的主要阳离子，在保持体液的酸碱平衡和渗透压方面起着重要的作用；可维持肠道中的碱性，有助于消化酶的活动；此外，和其他离子协同参与维持神经、肌肉的正常兴奋性	缺钠时，可显著降低能量和蛋白质的利用率，影响正常繁殖机能；母鸡出现产蛋率下降、体重减轻、相互间啄羽和格斗的现象
	氯	除与钠、钾共同维持体液的酸碱平衡和渗透压外，还参与胃液中盐酸的生成，保持胃液的酸性；此外，氯还可与唾液中的 α-淀粉酶形成复合物，从而增进 α-淀粉酶的活性	氯缺乏时，鸡发生食欲减退，消化不良，生长发育缓慢等现象，容易出现啄肛，啄羽等恶癖；产蛋鸡还表现体重下降，蛋重减轻，产蛋率下降等

（续）

种类	名称	主 要 功 能	缺乏或过量表现
常量元素	钾	与钠、氯及重碳酸盐离子一起，对调节体液渗透压、保持细胞容量方面起着重要作用；还是维持神经、肌肉兴奋性不可缺少的元素；钾作为细胞内液的主要碱性离子，参与缓冲系统的形成，保持体液的酸碱平衡	缺钾，一般表现为生长停滞、肌肉软弱、异嗜癖等现象
	镁	是构成骨质必需的元素，它与钙、磷和碳水化合物的代谢有密切关系，对维持氧化磷酸化有关的酶系统的生物活性至关重要；镁还与钙、钾、钠共同维持神经、骨骼肌、心肌的兴奋性	镁缺乏时，鸡神经过敏，易惊厥，出现神经性震颤，呼吸困难；雏鸡生长发育不良；产蛋鸡产蛋率下降。过多会扰乱钙磷平衡，导致下痢
	硫	主要存在于含硫氨基酸（胱氨酸、半胱氨酸和蛋氨酸）、含硫维生素（硫胺素、生物素）以及激素（胰岛素）中，仅有少量呈无机态的硫；主要是通过上述含硫氨基酸、含硫维生素以及激素而体现其生理机能的	缺乏时，青年鸡表现生长缓慢，尾、颈背部或全身羽毛脱落，常发生同类相残，相互攻击致死；母鸡还表现产蛋量减少，吞食羽毛等
微量元素	锰	作为磷酸酶、焦磷酸酶、ATP 酶的主要成分，在糖代谢和蛋白质代谢中起一定的作用；锰还与钙、磷代谢有关，并保持神经、肌肉及器官的正常机能	缺锰时，雏鸡骨骼发育不正常、患滑腱症，表现为跛行，生长受阻、体重下降；种鸡体重减轻、蛋壳变薄、孵化率降低。摄入量过多，会影响钙、磷的利用率，引起贫血
	铁	是血红蛋白、肌红蛋白和许多种酶（细胞色素酶、过氧化物酶、过氧化氢酶等）的组成部分。铁在机体内的主要生理功能是参与氧的转运、交换及组织的呼吸过程	缺铁时，主要表现缺铁性贫血

（续）

种类	名称	主 要 功 能	缺乏或过量表现
微量元素	铜	是体内许多酶的组成成分，如铜蓝蛋白酶、酪氨酸酶、赖氨酸酰基氧化酶、超氧化歧化酶等；能影响铁的吸收及钙和磷的正常代谢	铜不足时，鸡表现为贫血、四肢软弱无力、跛腿、瘫痪、生长缓慢、产蛋率下降、孵化过程中胚胎死亡数增加；羽毛褪色、关节肿大、骨质疏松，血管壁弹性下降，甚至产生心脏肥大。日粮中的铜超过 350 毫克/千克，则会引起中毒
	钴	是维生素 B_{12} 的组成部分，是合成维生素 B_{12} 不可缺少的元素，参与碳水化合物和蛋白质的代谢	饲料中缺钴时，则会影响铁的代谢，并引起贫血和维生素 B_{12} 缺乏症，土鸡表现为食欲不振、精神萎靡、生长停滞、消瘦
	碘	是动物必需的微量元素，体内的碘 70%~80% 集中在甲状腺内，用于合成甲状腺素，甲状腺素是调节机体生长发育、新陈代谢和繁殖的主要激素	碘缺乏时，羽毛失去光泽。公鸡睾丸萎缩，精子缺乏，鸡冠缩小，性欲下降；母鸡对碘缺乏具有较强的耐受性，发生碘缺乏时，表现产蛋量有稍微减少，种蛋孵化率下降和鸡胚甲状腺肿大等
	锌	参与合成、激活体内 200 余种酶类，如碱性磷酸酶、碳酸酐酶、乳酸脱氢酸、谷氨基脱氢酶、羧肽酶、醇脱氢酶等	缺锌，表现生长停滞，羽毛生长不良，脚趾软弱，关节肿大，无感染性皮炎；产蛋率下降、蛋壳变薄、易碎，孵化率下降，畸形胚胎率显著增高
	硒	是谷胱甘肽过氧化酶的组成部分，而且影响维生素 E 的利用，硒与维生素 E 相互协调，可减少维生素 E 的用量；具有保护细胞膜完整，保护心肌的作用	小鸡缺硒时，表现生长缓慢，个体矮小，肌营养不良，肌胃变性，容易患白痢和副伤寒，使疫苗的保护力减弱；产蛋鸡缺硒时，表现产蛋率和种蛋孵化率下降；种公鸡精液品质下降，受精率降低。硒过量时，雏鸡生长受阻、羽毛蓬松、神经过敏、种鸡性成熟推迟、产蛋量减少、孵化率降低、胎位异常

注意

无机元素是鸡新陈代谢、生长发育和产蛋必不可少的营养物质，但过量时可对鸡体可产生毒害作用。因此，在生产实践中一定要按营养需要配给，切不可过分强调它们的作用而随意加大剂量，以防中毒。

五、维生素

维生素主要是以辅酶和辅基的形式参与构成各种酶类，广泛参与鸡只体内的生物化学反应，从而维持机体组织和细胞的完整性，以保证鸡只的健康和生命活动的正常进行。当鸡只缺乏某种维生素时，会引起相应的新陈代谢和生理机能的障碍，导致疾病。

鸡对维生素的需要量虽然很少，但它们的生物作用很大，主要以辅酶和催化剂的形式广泛参与体内代谢的多种化学作用，从而保证机体组织器官的细胞结构功能正常，调控物质代谢，以维持鸡体健康和各种生产活动。缺乏时，可导致正常的代谢出现紊乱，危害鸡体健康和正常生产活动。维生素的种类及作用见表4-2。

表4-2 维生素的种类及作用

名　称	主要功能	缺乏表现
维生素A	可以维持呼吸道、消化道、生殖道上皮细胞或黏膜的结构完整与健全，促进雏鸡的生长发育和蛋鸡产蛋，增强鸡对环境的适应力和抵抗力	易引起上皮组织干燥和角质化，眼角膜上皮变性，发生眼干燥症，严重时造成失明；雏鸡消化不良，羽毛蓬乱无光泽，生长速度缓慢；母鸡产蛋率和种蛋受精率下降，胚胎死亡率高，孵化率降低等。产蛋鸡饲料中缺乏维生素A时，要经过2~5个月方显现症状
维生素D	参与钙、磷的代谢，促进肠道钙、磷的吸收，调整钙、磷的吸收比例，促进骨的钙化，是形成正常骨骼、喙、趾和蛋壳所必需的。1国际单位维生素D相当于0.025微克结晶维生素D_3的活性	当幼龄鸡维生素D缺乏时，胸骨脊呈"S"状弯曲，喙软呈橡皮状，胫跗骨可见轻微弯曲，易骨折；产蛋鸡维生素D缺乏时，则生产薄蛋壳鸡蛋或软壳蛋，继之产蛋量减少，孵化率降低。此外，维生素D过剩时也会给鸡带来损害，可造成骨质疏松和钙的异位沉着，发生肾结石、动脉硬化等

（续）

名　称	主要功能	缺乏表现
维生素 E	抗氧化剂和代谢调节剂，与硒和胱氨酸有协同作用，对消化道和体组织中的维生素 A 有保护作用，能促进鸡的生长发育和繁殖率的提高	雏鸡缺乏维生素 E 发生渗出性素质病，形成皮下水肿与血肿，腹水，引起小脑出血、水肿和脑软化；成鸡繁殖机能紊乱，产蛋率和受精率降低，胚胎死亡率升高
维生素 K	催化合成凝血酶原（具有活性的是维生素 K_1、维生素 K_2 和维生素 K_3）	雏鸡缺乏维生素 K 时，在颈、胸、翅、腹部等处发生大片血斑；成鸡通常不出现以上症状，但所产种蛋孵出的雏鸡常表现出上述症状和血液凝固不良等
维生素 B_1（硫胺素）	参与碳水化合物的代谢，维持神经组织和心肌正常，有助于胃肠的消化机能	缺乏维生素 B_1 易发生多发性神经炎，表现为头向后仰、羽毛蓬乱、运动器官和肌胃肌肉衰弱或变性、两腿无力等，呈"观星"状；食欲减退，消化不良，生长缓慢。雏鸡对维生素 B_1 缺乏敏感
维生素 B_2（核黄素）	它构成细胞黄酶辅基，参与碳水化合物和蛋白质的代谢，是鸡体较易缺乏的一种维生素	雏鸡发生维生素 B_2 缺乏时，表现为羽毛生长迟缓，眼充血，两腿软弱，脚趾麻痹并卷曲成拳头状，腿部肌肉萎缩，常蹲伏于地面。鸡对核黄素的需要量，随年龄的增长而逐渐减少，故幼雏轻度缺乏核黄素可逐渐康复，但却会严重影响生长发育速度。产蛋母鸡发生维生素 B_2 缺乏时，则表现产蛋量显著下降，种蛋孵化率极低，胚胎常在孵化过程的第 12 天左右死亡；即或发育到 21 天，也常常难以破壳出雏
维生素 B_3（烟酸）	某些酶类的重要成分，与碳水化合物、脂肪和蛋白质的代谢有关	雏鸡缺乏时食欲减退，生长慢，羽毛发育不良，跗关节肿大，腿骨弯曲；蛋鸡缺乏时，羽毛脱落，口腔黏膜、舌、食道上皮发生炎症，产蛋减少，种蛋孵化率低

（续）

名　称	主要功能	缺乏表现
维生素 B$_5$（泛酸）	是辅酶 A 的组成成分，与碳水化合物、脂肪和蛋白质的代谢有关	生长受阻，羽毛粗糙，食欲下降，骨粗短，眼睑黏着，喙和肛门周围有坚硬痂皮。脚爪有炎症，育雏率低；蛋鸡产蛋量减少，孵化率下降
维生素 B$_6$（吡哆素）	是蛋白质代谢的一种辅酶，参与碳水化合物和脂肪代谢，在色氨酸转变为烟酸和脂肪酸过程中起重要作用	鸡缺乏维生素 B$_6$ 时发生神经障碍，从兴奋而至痉挛，雏鸡生长发育缓慢，食欲减退
维生素 H（生物素）	以辅酶形式广泛参与各种有机物的代谢	鸡缺乏维生素 H 时的典型症状是股骨粗短，鸡喙、趾发生皮炎，生长速度降低，种蛋孵化率低，胚胎畸形
胆碱	胆碱是构成卵磷脂的成分，参与脂肪和蛋白质代谢；是蛋氨酸等合成时所需的甲基来源	鸡缺乏胆碱时易患脂肪肝，发生骨短粗症，共济运动失调，产蛋率下降；过多时，鸡蛋产生鱼腥味。鸡日粮中应添加适量胆碱，可提高蛋白质利用率
维生素 B$_{11}$（叶酸）	以辅酶形式参与嘌呤、嘧啶、胆碱的合成和某些氨基酸的代谢	雏鸡缺乏叶酸时，表现为生长缓慢，羽毛脆弱、褪色，全身苍白贫血，出现典型的巨红细胞性贫血和血小板减少症；产蛋鸡缺乏叶酸时，表现为产蛋量减少，孵化率下降，胚胎髋关节移位，下颌缺损，趾畸形，神经沟裂开，残雏率明显升高
维生素 B$_{12}$（钴胺素）	以钴酰胺辅酶形式参与各种代谢活动，如嘌呤、嘧啶合成，甲基的转移及蛋白质、碳水化合物和脂肪的代谢；有助于提高造血机能和日粮中蛋白质利用率	生长鸡缺乏维生素 B$_{12}$ 时，表现为采食量下降，生长、发育迟缓，全身苍白，神经兴奋性增高、易惊，共济运动失调；产蛋鸡缺乏维生素 B$_{12}$ 时，则表现为肌胃糜烂，消化不良，产蛋量下降，种蛋孵化率显著降低，鸡胚畸形，多在孵化的第 17 天时死亡

（续）

名　　称	主要功能	缺乏表现
维生素 C（抗坏血酸）	具有可逆的氧化性和还原性，广泛参与机体多种生化反应；能刺激肾上腺皮质合成；促进肠道内铁的吸收，使叶酸还原成四氢叶酸	鸡缺乏维生素 C 时易患坏血病，生长停滞，体重减轻，关节变软，身体各部出血、贫血，适应性和抗病力降低

第二节　土鸡的常用饲料及特点

根据所提供的主要营养成分，可将饲料分为能量饲料、蛋白质饲料、维生素饲料、矿物质饲料和饲料添加剂以及其他饲料。

一、能量饲料

能量饲料是指粗纤维含量在 17% 以下、粗蛋白质含量在 19% 以下的饲料。能量饲料一般分为两大类，一类是淀粉和糖含量高的饲料，如谷实类、草籽类、树实类、糠麸类、块根块茎类；另一类是油脂类饲料，如动、植物油（脂）及油脚等。

1. 玉米

玉米富含淀粉，其代谢能极高，可达 13.68 兆焦/千克，是谷实类中含能量最高的饲料。玉米中含粗蛋白质较低，赖氨酸、蛋氨酸、色氨酸、钙和可利用磷的含量也低。玉米在日粮的组成中占到 60% 左右，所以它所提供的蛋白质可达 5%～6%，占日粮粗蛋白质的 40% 左右。各种畜、禽对玉米的消化率都很高，为 92%～97%。

> **提示**
>
> 每千克黄玉米还含有 1.0 毫克左右的胡萝卜素及少量的叶黄素，用于喂鸡，可增加蛋黄颜色，维持鸡皮肤及脚趾的黄色。

2. 大麦

大麦的能量含量比玉米低，但其粗蛋白质含量高于玉米，且蛋白质的品质较好，赖氨酸含量高达 0.52%，在能量饲料中是不多见的。因其外面包有一层种子外壳，粗纤维含量较高，约为 5.2%，一般很少用作种鸡产蛋期饲料。

第四章

> **提示**
>
> 在生产中，将大麦用于土鸡育成期和种公鸡的饲料，效果良好。

大麦除带皮大麦外，尚有裸大麦，俗称米大麦。裸大麦没有种子外壳，其代谢能和粗蛋白质均高于带皮大麦，而粗纤维比带皮大麦低得多，仅为1.5%。可用作土鸡、蛋鸡和种鸡各饲养阶段的饲料。

3. 小麦

小麦的能量含量仅次于玉米，为12.89兆焦/千克，粗蛋白质含量高，为12.1%，且品质较好，又易于消化和吸收，可用作土鸡、肉种鸡、产蛋鸡和火鸡的能量饲料。

小麦中的生物素总含量虽然比玉米高，但利用率较低。给家禽饲喂以小麦为基础的日粮时，应注意添加生物素，否则，易严重影响其产蛋率。

> **提示**
>
> 以小麦代替30%的玉米并添加非淀粉多糖酶，对种鸡或蛋鸡的产蛋性能无明显影响。生产中出现多起用小麦全部替代玉米或替代比例过大而严重影响产蛋性能的情况，应注意控制其用量并添加非淀粉多糖酶。

4. 麦麸

麦麸俗称麸皮，是小麦加工面粉时的副产品，由种皮、糊粉层与少量的胚和胚乳组成，其营养成分依加工工艺的不同而异。新的制粉工艺可产生三种麸皮，即头碾小麦麸皮、二碾小麦麸皮和低纤维小麦麸皮。

普通小麦麸在能量饲料中是含代谢能量比较低的饲料，但粗蛋白质含量较高，可达14%以上。小麦麸含有较丰富的维生素E、烟酸、胆碱和无机元素（如铁、锌、锰）等。含钙量少而含磷量多，但磷的品质不佳，大部分为植酸磷。小麦麸含粗纤维较多，质地疏松，总营养价值较低，并有缓泻作用。

> **提示**
>
> 在家禽日粮中麦麸的含量以不超过15%为宜。

5. 高粱

高粱是一种重要的能量饲料，含无氮浸出物达 70% 以上，粗蛋白质为 10% 左右，营养成分接近玉米。高粱中含有少量单宁，使其适口性不如玉米，饲喂过多易引起畜禽便秘。另外，单宁可与日粮中的蛋白质以及消化道内的消化酶发生结合、沉淀，而降低日粮中氨基酸和能量的消化率。

提示

> 高粱在鸡日粮中的用量一般控制在 10% 以下。

6. 油脂

油脂包括动物脂肪和植物油，它们都是高能饲料，其产热量为碳水化合物的 2~3 倍。油脂又是脂溶性维生素 A、D、E 和 K 的溶剂，在日粮中加入油脂可促进饲料中这些维生素的溶解和吸收。试验证明，喂给家禽高水平油脂，可提高饲料的适口性，使家禽的采食量增加；同时，可使饲料在胃肠道的停留时间延长，从而有利于饲料的充分消化及非脂肪成分的吸收。饲料中添加油脂后肝脏内脂肪酸的合成减少，对于高温环境条件下蛋黄的形成和蛋重增加特别有用。直接利用饲料中的脂肪进行沉积，比由碳水化合物合成脂肪的效率要高得多。

提示

> 肉仔鸡日粮中均添加有 2%~5% 油脂，可以提高鸡对饲料的利用率和体重。种鸡预产料中添加油脂，可以提高蛋重，效果良好。

二、蛋白质饲料

蛋白质饲料是指粗蛋白质含量高于 20%，粗纤维含量低于 18% 的所有动、植物性饲料，如鱼粉、肉粉、肉骨粉、血粉、大豆、豆粕、菜籽粕、棉仁粕和花生粕等。

1. 鱼粉

鱼粉不仅蛋白质含量高，而且含有丰富的必需氨基酸，是畜禽的优质蛋白质饲料。优质鱼粉的粗蛋白质含量可达 60%~70%，赖氨酸和蛋氨酸含量都很高。维生素 B_{12} 含量为 300~500 毫克/千克，核黄素含量约为 7.8 毫克/千克，生物素含量为 100~200 毫克/千克。另外，还含有丰

富的脂溶性维生素 A、维生素 D 和维生素 E。矿物质元素如铁、锌、硒、钙的含量也很丰富，特别是硒的含量可高达 1.5~2.0 毫克/千克。因此，在日粮中添加比例较高的优质鱼粉，常可满足禽类对硒的需要。

目前鱼粉市场混乱，不但营养成分相差悬殊，而且掺杂较多。有些鱼粉粗蛋白质的含量仅有 20% 左右，而盐与沙的含量都高达 15% 左右；有些鱼粉粗蛋白质的含量虽高达 60% 左右，但是其中掺杂有大量的劣质羽毛粉，其消化、利用率却很低。

提示
> 在选购鱼粉时应特别注意，以防发生食盐中毒或饲养事故。

鱼粉发霉、腐败变质或在加工干燥过程中温度过高和时间过长（120℃加热 2~4 小时）时，鱼粉中可形成一种高活性化合物的"肌胃糜烂素"。肌胃糜烂素可使鸡发生肌胃糜烂，消化机能紊乱，体重下降，甚至死亡。

提示
> 在购买鱼粉时要特别注意不要购买加温过高、时间过长、呈暗棕色、具有焦味的鱼粉。

2. 肉骨粉

肉骨粉是利用卫生检验不合格的畜、禽胴体，非传染病死亡的动物胴体，经高温高压处理的死因不明的动物胴体、内脏及其动物的废弃物经脱脂、干燥、粉碎而成。

肉骨粉由于含骨量的多少不一，其粗蛋白质的含量差距很大；其他营养成分也常随着粗蛋白质的含量发生较大的变化。

注意
> 有些肉骨粉中常混有动物蹄角粉、皮粉、羽毛粉和胃肠道内容物等杂物，所以购买时必须十分注意。

3. 血粉

血粉是由屠宰家畜、家禽时所得的血液经过蒸煮、脱水、干燥、粉碎或直接利用喷雾干燥而制成的。成品呈黑褐色的细粒状，含水量为 5%~8%，其粗蛋白质含量在 80% 以上，高于鱼粉和肉粉。

血粉中含有多种必需氨基酸，特别是赖氨酸、色氨酸的含量很高，均超过了鱼粉。从必需氨基酸与总氨基酸的比值看，血粉的为 53.94%，居动物性蛋白质饲料的首位（表4-3）。

表4-3　几种蛋白质饲料中必需氨基酸与总氨基酸的各自占比及其比值(%)

项目	鱼粉	肉骨粉	羽毛粉	蚕蛹粉	血粉
总氨基酸	58.38	49.44	65.49	61.04	72.30
必需氨基酸	27.66	19.72	26.20	30.52	39.00
必需氨基酸与总氨基酸的比值	47.38	39.89	40.01	50.00	53.94

蛋白质的可溶性比较低，平均为 1.54%，而血粉的必需氨基酸虽然含量丰富，但其消化率比较低，普通干燥血粉的消化率一般不高于70%。

4. 羽毛粉

羽毛粉是由各种家禽的新鲜羽毛以及不适于制作羽绒制品的羽毛制成。羽毛粉的粗蛋白质含量高达86%，含钙0.3%、含磷0.5%、含硫1.5%，是含硫量最高的饲料。

羽毛粉质量的好坏，不能只看所含蛋白质的高低和各种氨基酸的多少，关键在于加工处理的方法和利用率。以普通方法制成的羽毛粉，粗蛋白质的胃蛋白酶消化率仅为17%左右；而用水解法（3.5千克/厘米²，处理30分钟）制得的羽毛粉，其粗蛋白质的消化率可提高至80%左右。一般饲料用羽毛粉，要求粗蛋白质的胃蛋白酶消化率应在75%以上。

注意

　　羽毛粉的色泽因所用羽毛的颜色而异。浅色羽毛制成的羽毛粉呈浅黄色至褐色，深杂色羽毛制成的羽毛粉呈深褐色直至黑色。饲料用羽毛粉不得有焦味、腐败味、霉味及其他刺激气味。

在生产中，水解羽毛粉主要用于鸡、鸭饲料，以满足其对含硫氨基酸的需要。用量应控制在5%以下，用量过高则影响机体的正常生长发育，蛋重变小，产蛋率下降。雏鸡和雏鸭饲料中不宜使用。

提示

　　在饲料中添加3%～5%羽毛粉可以防止发生鸡的啄癖。

5. 大豆

大豆营养丰富，含粗蛋白质约35%，含脂肪16%以上，必需氨基酸比较齐全，特别是赖氨酸含量比较高。

大豆的特点是脂肪的含量较高，因此有效能值比豆饼和豆粕高得多。但生大豆中含有胰蛋白酶抑制因子、尿素酶、血球凝集素、皂角苷、甲状腺肿诱发因子等抗营养因子。这些抗营养因子的存在，不但降低了饲料的利用率，而且还降低了畜、禽的生产性能，使胰腺肥大，机体生长发育受阻。这些抗营养因子都不耐热，适当的热处理可使大部分灭活。但应注意加热过度会使蛋白质变性，降低其利用率。

> **提示**
>
> 许多土鸡养殖场，将大豆进行炒制后喂鸡，取得了良好的饲养效果。

6. 大豆饼（粕）

大豆饼（粕）是指大豆取油后的副产品。压榨法取油后的副产品称大豆饼；浸提法取油的副产品称大豆粕。由于大豆粕的含油量比大豆饼低，所以以粗蛋白质的含量就显得高些，代谢能就低些。

加热处理后的豆粕（饼）是土鸡最好的植物性蛋白质饲料。一般在配合饲料中的用量为15%~25%。

7. 花生饼（粕）

花生饼（粕）是指花生取油后的副产品。以压榨法取油后的副产品呈瓦片状，称花生饼；以溶剂浸提法取油后的副产品呈颗粒状，称为花生粕。花生饼（粕）的营养价值不但因加工的工艺不同而不同，而且还与花生是否脱壳密切相关。带壳榨油的花生饼（粕），其粗纤维含量高达25%左右，只能用于饲喂草食动物，而不宜饲喂鸡。花生脱壳后榨油所得的花生饼（粕），其粗纤维含量平均为5.3%，可用来饲喂鸡。

花生饼（粕）的特点是蛋白质含量较高，与大豆饼（粕）相近似，但氨基酸的组成不佳。赖氨酸和蛋氨酸的含量较低，精氨酸的含量高达5.16%，是饼粕类含量最高的。

注意

　　若花生饼（粕）保存不当，易染黄曲霉菌而产生黄曲霉毒素。饲料中黄曲霉毒素含量超过 2.5 毫克/千克时，即可引起雏鸡和产蛋鸡的中毒。蒸煮和干热等方法不能除去饲料中的黄曲霉毒素。

8. 菜籽饼（粕）

　　菜籽饼是油菜籽经压榨、取油后的副产品；菜籽粕则是菜籽经预榨、浸提取油后的副产品。菜籽饼（粕）含有 30%～40% 的粗蛋白质。氨基酸含量的特点是含硫氨基酸的含量比较丰富，比大豆饼（粕）和棉籽饼（粕）都高。菜籽饼（粕）有苦涩和辛辣味，适口性较差，饲料中搭配过多，会影响畜禽的采食量。

　　菜籽饼（粕）中含有 6% 左右的芥子甙，家禽摄入后，在芥子酶的作用下可发生水解，对鸡产生毒害作用。菜籽饼（粕）的脱毒方法有坑埋法、水浸法、微生物发酵法、高温处理法、碱处理法、铁盐处理法等。然而不管哪种脱毒方法都需要投入一定的人力和物力，在生产实践中较少使用。

提示

　　生产中，采用限制使用量方法（饲料中菜籽饼的用量控制在 8% 以内），收到了良好效果。

9. 棉籽饼（粕）

　　棉籽饼是用小型榨油机将棉籽榨油后，所得到的副产品，养鸡生产中较少采用；棉籽粕是以预榨、浸提法取油后的副产品，其品质较好，粗蛋白质含量可达 40% 左右，但随脱皮壳的程度不同，其营养成分也有差异。棉籽饼中含棉籽皮壳越少，则粗蛋白含量越高，游离棉酚含量越低，其品质也就越好。

　　棉籽中含有棉酚，棉酚不溶于水，进入机体后主要侵害肝脏、雌雄性生殖腺和视神经等，使动物发生中毒。表现出食欲减退、生长发育受阻、黄疸、生殖机能障碍和失明的症状。为了保证棉籽饼（粕）的安全使用，必须进行脱毒。目前，常用的脱毒方法以硫酸亚铁螯合法和溶剂浸出法效果较好，并且适宜于工厂化生产。

> **提示**
>
> 土鸡父母代种鸡和蛋鸡的日粮中配合4%的棉籽粕，对产蛋率和种蛋受精率无不良影响。

10. 葵花籽饼（粕）

葵花籽饼是葵花籽经机榨、取油后所得的副产品；葵花籽经预榨、浸提取油后的副产品，称葵花籽粕。葵花籽饼（粕）主要产于东北各省及内蒙古、新疆等地。

葵花籽饼（粕）的营养价值，随饼（粕）的含皮壳多少而定，一般含粗蛋白质23%~40%，含粗纤维12%~17%，不脱壳葵花籽饼（粕）粗纤维的含量可达39%。

> **提示**
>
> 带壳葵花籽饼（粕），粗纤维含量太高，不宜作为鸡的饲料；去壳葵花籽饼（粕）用作鸡饲料时也应限量配给，不宜过多。

三、矿物质饲料

矿物质饲料是为了补充植物性和动物性饲料中某种矿物质元素的不足而利用的一类饲料。大部分饲料中都含有一定量的矿物质，在散养和低产的情况下，看不出明显的矿物质缺乏症，但在舍饲、笼养、高产的情况下矿物质需要量增多，必须在饲料中补加。

1. 常量元素饲料

（1）食盐 化学名称为氯化钠，粗制食盐氯化钠含量为95%，精制食盐氯化钠含量为99%（含钠39%、含氯60%）。食盐可刺激唾液分泌，改善饲料味道，促进食欲。食盐被吸收进入血液后，还参与体液渗透压的调节。在植物性饲料中，钠和氯的含量都很少，故应进行补充。

作为饲用食盐应高度注意其品质，不得含有杂质或其他污染物，纯度应在95%以上，含水量不超过0.5%，应能全部通过30目筛孔（相当于0.6毫米孔径）。

鸡对日粮中的含盐量比较敏感，故在配合日粮中应严格控制食盐的用量，并保证稳定的配比。一般情况下，鸡饲料中食盐的添加量应控制在0.36%左右。雏鸡饲料中食盐的添加量如果超过0.7%即可抑制雏鸡的生长，产蛋鸡超过1%，可造成产蛋率下降。鸡的食盐中毒，多因所用鱼粉中的盐分过高，食盐颗粒过大或混合不均匀而引起。

（2）石粉（钙粉）　将石灰石或钟乳石经粉碎而制成，其化学成分为碳酸钙。饲用石粉要求含钙量不得低于33%，镁元素含量不高于0.5%，铅含量在10毫克/千克以下，砷含量在10毫克/千克以下，汞含量在2毫克/千克以下。禽用石粉的粒度为26~28目（相当于0.710~0.630毫米孔径）。

石粉虽然含钙量高，价格便宜，但产蛋鸡饲料不宜用单一石粉。因为石粉中的钙吸收和排泄较快，难以维持长时间的血钙水平，而使下午所产蛋的蛋壳质量变差，破蛋率增加，限制饲养的土种鸡表现得更为突出。

> **提示**
>
> 产蛋鸡饲料中，石粉用量应控制在3%左右，不足的钙可以用贝壳粉（贝砂）来补充。

（3）贝壳粉　贝壳粉是由贝壳（包括蚌壳、牡蛎壳、蛤蜊壳、螺蛳壳等）经精选去杂、粉碎而成。成品的贝壳粉碳酸钙含量应在96%以上，含钙35%左右，含磷0.1%~0.14%、镁0.3%、钾0.1%、钠0.2%、氯0.01%、铁0.29%、锰0.01%。

> **提示**
>
> 用贝壳粉给土鸡产蛋期补充钙，所产种蛋蛋壳强度较高，破蛋及软壳蛋较少。

（4）骨粉　市场上的骨粉依据加工工艺可分为生骨粉、蒸煮骨粉和脱胶骨粉三种，见表4-4。

表4-4　各种骨粉的特点

种　类	加工工艺	特　点
生骨粉	生骨粉是将收集的畜、禽骨骼，不做任何处理，直接粉碎而成	外观呈大小不一的颗粒状，有异臭味，颗粒不易被压碎。此种骨粉，病原菌和杂菌污染严重，不能作为饲料用，仅供肥料用
蒸煮骨粉	蒸煮骨粉是将收集的畜、禽骨骼，置蒸锅内不加压，蒸煮数小时（不脱胶）后，晾干，粉碎而成	外观呈深褐色或暗灰色，有臭味。因其未经高温加压处理，骨骼内的钙质与骨胶结合在一起，使鸡无法消化吸收，长期使用此种骨粉，可导致钙磷比例失调，产蛋率下降等

（续）

种　类	加工工艺	特　点
脱胶骨粉	脱胶骨粉是将收集的畜、禽骨骼，经高温、高压脱胶、烘干、粉碎而成	此种骨粉的钙含量高达36%，磷的含量达16%，而且畜禽的利用率较高，是补充钙、磷的优质饲料

（5）磷酸氢钙　磷酸氢钙又称磷酸二钙，稳定性和利用率均较好，是较常用的钙、磷饲料。

提示

添加矿物质饲料钙和磷时，除注意满足钙和磷的需要外，还要注意钙、磷的正常比例。生产中有一些养殖户因过分强调钙的作用而出现钙量过多的现象。钙过多同样会像缺钙一样，引起鸡只生长不良、羽毛蓬乱、脱落，发生佝偻病和软骨病，产软壳蛋和薄壳蛋等。

（6）碳酸氢钠　碳酸氢钠又称小苏打，为白色粉末，在干燥环境下很稳定。在鸡饲料中添加的碳酸氢钠，主要用来补充钠和调节体液的酸碱平衡、抗热应激等。抗热应激时的添加量一般为 0.1% ~ 0.2%。

提示

使用时，一般应间断投给，不可长时间连续使用，以防碱中毒。

2. 微量元素饲料（表4-5）

表4-5　常用的微量元素饲料

种　类	特　点
硫酸亚铁	生物学效价较高，是补充铁元素常用的饲料。硫酸亚铁有含7分子结晶水和1分子结晶水两种
硫酸锌	为白色结晶或粉末，常用作饲料的硫酸锌有含7分子结晶水和1分子结晶水两种。含7分子结晶水的易潮解和结块，故常用含1分子结晶水的硫酸锌
氧化锌	为白色粉末，无臭，溶于酸性溶液，不溶于水和乙醇，稳定性好。氧化锌的含锌量比硫酸锌高1倍以上，价格也比硫酸锌便宜，故常为许多饲料厂所采用

（续）

种类	特点
硫酸铜	为浅蓝色结晶或粉末，易溶于水，生物学效价高，饲用效果较好。饲料用硫酸铜有含 5 分子结晶水、1 分子结晶水和不含结晶水三种
硫酸锰	为白色或浅红色粉末，无臭，易溶于水，难溶于乙醇。饲料用的有含 1 分子结晶水和 5 分子结晶水的两种
碘化钾	为白色结晶粉末，无臭，具苦味，易潮解。稳定性较差，易分解而引起碘的损失
亚硒酸钠	为白色至粉红色粉末，易溶于水。硒既是动物所必需的微量矿物质元素，又是剧毒物质，必须由专业人员保管和使用。添加时，一定要均匀配合到饲料中
氯化钴	为红色或紫红色结晶。水溶性高，易吸水

四、维生素饲料

土鸡的日粮中主要提供各种维生素的饲料叫维生素饲料，包括青菜类、块茎类、青绿多汁饲料和草粉等，常用的有白菜、胡萝卜、野菜类和干草粉（苜蓿草粉、槐叶粉和松针粉）等。青绿饲料中胡萝卜素较多，某些 B 族维生素丰富，并含有一些微量元素，对于土鸡的生长、产蛋、繁殖以及维持鸡体健康均有良好作用。其种类及特点见表 4-6。

表 4-6　维生素饲料种类及特点

种类	特点
青菜类	白菜、通心菜、牛皮菜、甘蓝、菠菜及其他各种青菜、无毒的野菜等均为良好的维生素饲料。芹菜是一种良好的喂鸡饲料，每周饲喂 3 次，每次 50 克左右。用南瓜作辅料喂母鸡，产蛋量可显著增加，且蛋大、孵化率高
胡萝卜	胡萝卜素含量高，容易储藏，适于作为秋、冬季饲喂的维生素饲料。将胡萝卜洗净后，切碎，用量占精料的 20%～30%
水草类	生长在池沼和浅水中的藻类等也是较好的青饲料，水草中含有丰富的胡萝卜素，有时还带有螺蛳、小鱼等动物

（续）

种 类	特 点
草粉、叶粉	含有大量的维生素和矿物质，对土鸡的产蛋、蛋的孵化品质均有良好的作用。苜蓿干草含有大量的维生素 A、维生素 B 和维生素 E 等，含蛋白质在 14% 左右。树叶粉（青绿的嫩叶）也是良好的维生素饲料，如槐叶粉，来源广阔，我国大面积种植的刺槐，是丰富的资源，利用时应和林业生产相辅，选择适合的季节采集，合理利用。饲料中添加 2%～5% 槐叶粉可明显地提高种蛋和商品蛋的蛋黄品质。其他豆科干草粉（如红豆草、三叶草等）与苜蓿干草的营养价值大致相同，干粉用量可占日粮的 2%～7%
青绿饲料	常用的青绿饲料有豆科牧草（苜蓿、三叶草、沙打旺、红豆草等）、鲜嫩的禾本科牧草和饲料作物鲁梅克斯、聚合草等。青绿饲料在土鸡的饲养中占有很重要的地位，饲喂一定量的青绿饲料会使鸡抗病力增强、肉味鲜美、鸡蛋风味独特。因此，利用青绿饲料饲喂土鸡，或在牧草地上放牧土鸡均可收到良好的效果

提示

喂青绿饲料应注意它的质量，以幼嫩时期或绿叶部分含维生素较多。饲喂时应防止其腐烂、变质、发霉等，并应在鸡群中定时驱虫。一般用量占精料的 20%～30%（舍内规模化饲养时，使用这些维生素饲料不方便，可利用人工合成的维生素添加剂来代替）。

五、饲料添加剂

为满足土鸡的营养需要，完善日粮全价性，需要在饲料中添加原来含量不足或不含有的营养物质和非营养物质，以提高饲料利用率，促进鸡生长发育，防治某些疾病，减少饲料贮藏期间营养物质的损失或改进产品品质等，这类物质称为饲料添加剂。添加剂可分为营养型添加剂和非营养性添加剂。

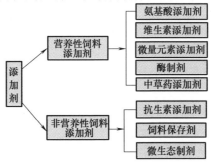

提示

必须重视微量元素之间的平衡。

[小常识] >>>>

→ 为便于安全使用，确保使用效果，通常都是将微量元素添加剂加入载体中做成各种预混合饲料，再使用于配合饲料中。在预混合饲料加工过程中，计量、混合、分装等工序，必须严格控制，加强管理，严防因计量失误、混合不均匀等，造成某种元素的过量而发生中毒。

[小知识] >>>>

→ 在饲料中添加维生素C，可有效地缓解鸡的应激反应，避免生产性能、饲料报酬、成活率、产蛋率、受精率的降低和蛋壳质量差等问题。发生应激反应或为提高鸡生产性能时的维生素C需要量推荐标准：雏鸡饲料为200毫克/千克；生长鸡饲料为150毫克/千克；产蛋鸡饲料为200毫克/千克。

第三节 土鸡饲料的开发利用

一、苜蓿草粉的开发利用

苜蓿草粉是在紫花盛花期前，将其刈下来，经晒干或其他方法干燥、粉碎而制成，其营养成分随生长时期的不同而不同。苜蓿草粉，除含有丰富的维生素B族、维生素E、维生素C、维生素K外，每千克草粉还含有高达50~80毫克的胡萝卜素。用来饲喂蛋鸡可增加蛋黄的颜色；用来饲喂土种鸡、蛋肉兼用型鸡，除增加蛋黄的颜色，还能维持其皮肤、脚、趾的黄色。

提示

土鸡饲料中苜蓿草粉的添加比例控制在3%左右为宜。

二、树叶的开发利用

我国有丰富的林业资源，除少数外，大多数树叶都可以作为饲料。树叶营养丰富，经加工调制后，饲喂土鸡效果很好。

1. 树叶的采收方法

采收的方式及采收时间对树叶的营养成分影响较大。采集树叶应在不影响树木正常生长的前提下进行，如果为了采集树叶而折枝毁树，不仅影响树木生长，而且破坏生态环境。树叶的采收方法如下。

（1）青刈法 适宜分枝多、生长快、再生力强的灌木，如紫穗槐等。

（2）分期采收法 对生长繁茂的树木，如洋槐、榆、柳、桑等，可分期采收下部的嫩枝、树叶。

（3）落叶采集法 适宜落叶乔木，特别是高大不便采摘的或不宜提前采摘的数叶，如杨树叶等。

（4）剪枝法 对需适时剪枝的树种或耐剪枝的树种，特别是道路两旁的树和各种果树，可采用剪枝法。

2. 采收时间

树叶的采收时间因树种而异，松针在春、秋季含松脂率较低的时期采集；紫穗槐、洋槐叶，北方地区一般在7月底至8月初采集，最迟不要超过9月上旬；杨树叶在秋末刚刚落叶即开始收集，而不能等落叶变枯黄再收集；还可以收集修枝时的叶子；橘树叶在秋末冬初时，结合修剪整枝，采集枯叶和嫩枝。

3. 树叶的加工方法

（1）针叶的加工利用 松针粉中含有多种氨基酸、微量元素，能有效地刺激蛋鸡的排卵功能，提高产蛋率。蛋鸡日粮中添加3%～5%松针粉，产蛋量提高6.1%～13.8%，饲料利用率提高15.1%，蛋重提高2.9%，受精率提高1.0%，且蛋黄颜色较深；肉鸡日粮中添加3%～5%松针粉，日增重提高8.1%～12.0%，饲料报酬提高8.4%，且肉质鲜嫩可口。同时，松针粉中含有植物杀菌素和维生素，具有防病、抗病功效，能有效地抵御鸡病发生，从而提高雏鸡成活率，在雏鸡日粮中添加2%的松针粉，成活率、增重率和饲料转化率则分别提高7.1%、11.1%和28.4%，生长期缩短10天。每天喂给母鸡8.0克，可表现出良好的抗热应激作用，提高产蛋率。

提示

　　给土鸡饲喂松针粉，可明显改善其喙、皮肤、腿和趾的颜色，使之更加鲜黄美观。

　　松针叶采集后要保持其新鲜状态，含水量为40%～50%。原料贮存时要求通风良好，不能日晒雨淋，采收到的原料应及时运至加工场地，一般从采集到加工不能超过3天，以保证产品质量。对树枝上的针叶，应进行脱叶处理。脱叶分手工脱叶和机械脱叶。手工脱下的针叶含水量一般为65%左右，杂质含量（主要指枝条）不超过35%；机械脱下的针叶含水量为55%左右，杂质的含量不超过45%。用切碎机将针叶切成3～4厘米长，以破坏针叶表面的蜡质层，加快干燥速度。可采用自然阴干或烘干的方法，烘干温度为90℃，时间为20分钟。干燥后应使针叶的含水量从40%～50%降到20%，以便粉碎加工和成品的储存运输。用粉碎机将针叶加工成2毫米左右的松针粉，松针粉的含水量应低于12.5%。加工好的松针粉的外观为浅绿色，有针叶香味。

　　松针粉要用棕色的塑料袋或麻袋包装，防止阳光中紫外线对叶绿素和维生素的破坏。另外，储存场所应保持清洁、干燥、通风，以防吸湿结块。在良好的储存条件下，松针粉可保存2～6个月。

　　加工后的松针粉可以添加至饲料中直接饲喂，也可以生产针叶浸出液（针叶浸出液，不仅能促进家禽的生长，而且还能降低畜禽支气管炎和肺炎的发病率，增加食欲和抗病能力。因此，又称针叶浸出液为保健剂）。加工方法是将针叶粉碎，放入桶内，加入70～80℃的温水（针叶与水的比例为1∶10），搅拌后盖严，在室温下放置3～4小时，便得到有苦涩味的浸出液。

　　松针粉作为添加饲料适用于各类畜禽，可直接饲喂或添加到混合饲料中。松针粉应周期性地饲喂，连续饲喂15～20天，然后间断7～10天，以免影响禽产品质量。松针粉含有松脂气味和挥发性物质，在畜禽饲料中的添加量不宜过高。一般在土鸡饲料中的添加量为3%，蛋鸡和种鸡为5%；针叶浸出液可供家畜饮用，也可与精料、干草或秸秆混合后饲喂。家禽对浸出液有一个适应过程，开始应少量，然后逐渐加大到所要求的量。

　　（2）阔叶的加工利用　阔叶的加工利用方法有三种。一是进行糖化发酵。将树叶粉碎，掺入一定量的谷物粉，用40~50℃温水搅拌均匀后，压实，堆积发酵3~7天。发酵可提高阔叶的营养价值，减少树叶中单宁的含量。糖化发酵的阔叶饲料主要用于喂猪、鸡。二是加工成叶粉。叶粉可作为配、混合饲料的原料，在鸡饲料中掺入的比例为5%~10%。三是蒸煮。把阔叶放入金属筒内，用蒸汽加热（180℃左右）15分钟后，树叶的组织受到破坏，利用筒内设置的旋转刀片将原料切成类似"棉花"状。

除上述方法外，还可进行膨化、压制成颗粒和青贮。

三、动物性蛋白质饲料的开发利用

可以利用人工方法生产一些昆虫类、蚯蚓等动物性蛋白质直接喂鸡，既保证充足的动物性蛋白质供应，促进生长和生产，降低饲料成本，又能够提高产品质量。

1. 诱捕昆虫

傍晚补饲期间，在鸡棚附近安装几个照明电灯，这样昆虫就会从四面八方飞来，被等候在棚下的鸡群吃掉。鸡吃饱后，关灯让鸡休息。

2. 育虫养鸡

可以在放牧的地方育虫，直接让鸡啄食。育虫方法见表4-7。

表4-7　育虫方法

名　称	方　法
稀粥育虫法	在牧地不同区域选择多个地块，轮流泼稀粥，用草等盖好，2天后草下生出虫子，让鸡轮流到各地块上去吃虫子即可。育虫地块注意防雨淋，防水浸
混合育虫法	挖长宽各1米、深0.5米的土坑，底铺一层稻草，稻草上铺一层污泥，如此层层铺至坑满为止，以后每天往坑里浇水。经10余天即生虫子，可喂鸡
腐草育虫法	在土质较肥处，挖宽约1.5米、长1.8米、深0.5米的土坑，底铺一层稻草，其上铺一层豆腐渣，然后再盖一层牛粪，粪上盖一层污泥，如此铺到坑满为止，最后盖层稻草。经一周左右即生虫子
牛粪育虫法	在牛粪中加入米糠或麦糠（1%）搅拌拌匀，堆在阴凉处，上盖杂草、秸秆等，后用污泥密封，经过20天即生虫子
酒精育虫法	酒精10千克加豆腐渣50千克混匀，在距离房屋较远处，堆馒头形或长方形，过23天即生虫子，56天后鸡可采食

3. 人工养殖蝇蛆

蝇蛆是营养成分全面的优质蛋白资源。分析测试结果表明，蝇蛆含粗蛋白59%～65%、脂肪2.6%～12%。无论是原物质或是干粉，蝇蛆的粗蛋白含量都与鲜鱼、鱼粉及肉骨粉相近或略高。同时，蝇蛆还含有多种生命活动所需要的微量元素，如铁、锌、锰、磷、钴、铬、镍、硼、钾、钙、镁、铜、硒、锗等，是代替鱼粉的优良动物蛋白饲料。使用蝇蛆生产的虫子鸡，肌肉纤维细，肉质细嫩，口感爽脆，香味浓郁，可补气补血，养颜益寿，虫子鸡的蛋俗称安全蛋，富含人体所需的17种氨基酸，10多种微量元素和多种维生素，特别是被称为抗癌之王的硒和锌的含量是普通禽类的3～5倍，是当代最为理想的食疗珍禽和理想的营养滋补佳品，被誉为"蛋中极品"。

（1）建造蛆棚 选择光线明亮、通风条件好的地方建造蛆棚，根据养殖规模，蛆棚的面积一般为30～100米^2。棚内挖置数个5～10米^{2}的蛆池，池四周砌放20厘米高的砖，用水泥抹光。蛆池四角处各挖一个小坑放置收蛆桶，桶与坑的间隙用水泥抹平。棚内还要设置多条供苍蝇停息的蝇子和多个供苍蝇饮水的海绵水盘。

（2）驯化种蝇 把新鲜鸡粪放入蛆池，堆放数个长400厘米、宽40厘米的小堆。蛆棚的门在白天打开，让苍蝇飞入产卵，傍晚时关闭棚门让苍蝇在棚内歇息。野生蝇在产卵后要将其用药剂杀死，蝇蛆化蛹后，把蛹放在5% EM菌液中浸泡10～20分钟，当蛹变成苍蝇时，再堆制新鲜鸡粪，诱使新蝇产卵，产卵后将苍蝇杀死。如此重复3～5次，即可将野生蝇驯化成产卵量高、孵出蝇蛆杂菌少、个头大的人工种蝇。

（3）收取蝇蛆 进入正常生产后，每天要取走养蛆后的残堆，更换新鲜鸡粪。经人工驯化的苍蝇产卵后10小时即可孵化出蝇蛆，3～4天后成熟的蝇蛆就会爬出粪堆，当它们沿着池壁爬行寻找化蛹的地方时，会全部掉入光滑的塑料收蛆桶内。每天可分2次取走蝇蛆，并注意留足1/5的蝇蛆，让其在棚内自然化蛹，以保证充足的种蝇产卵。实践证明，用此方法养殖蝇蛆，每1000千克新鲜鸡粪可产活蛆400千克以上，成本极其低廉。

4. 养殖蚯蚓

蚯蚓含有丰富的蛋白质，适口性好、诱食性强，是畜、禽、鱼类等的优质蛋白饲料。蚯蚓粪中有22.5%粗蛋白、丰富的粗灰分、钙、磷、钾、维生素和17种氨基酸。据报道把90%的蚯蚓粪、10%的蚯蚓粉和

少量微生物配成生物饲料，按 1%~5% 的最佳添加量，可使肉鸡球虫病、呼吸道、消化道疾病减少 50%，蛋鸡产蛋高峰期延长 25 天左右，鸡蛋个大、味香、红心。

（1）蚯蚓的习性 蚯蚓由于长期生活在土壤的洞穴里，其身体的形态结构对穴居生活环境具有相当的适应性。在自然界，蚯蚓以生活在土壤上层 15~20 厘米的深度居多，越往下层越少，蚯蚓喜欢温暖、潮湿和安静的环境。一般蚯蚓的活动温度为 5~30℃，生长繁殖最适温度为 15~25℃，在 0~5℃ 则停止生长发育，进入休眠状态，0℃ 以下或 40℃ 以上常导致死亡。蚯蚓还喜居安静的环境，怕噪声或振动。蚯蚓对光线非常敏感，喜阴暗，怕强光，常逃避强烈的阳光、紫外线的照射，但不怕红光，趋向弱光。蚯蚓的活动表现为昼伏夜出，即黄昏时爬出地面觅食、交尾，清晨则返回土壤中。

（2）蚯蚓品种 目前已知地球上有蚯蚓 2500 余种，在我国分布的有 160 余种。适合人工养殖的常见蚯蚓有威廉环毛蚓、湖北环毛蚓、参环毛蚓、赤子爱胜蚓和白颈环毛蚓。我们要根据自己养蚯蚓的目的来选择蚯蚓品种。

（3）养殖方法 在放养鸡的场地适合蚯蚓养殖的方法见表4-8。

表4-8　蚯蚓养殖方法

名　　称	特　　点
简易养殖法	这种方法包括箱养、坑养、池养、棚养、温床养殖等，其具体做法就是在容器、坑或池中分层加入饲料和肥土，料土相间，然后投放种蚯蚓。这种方法可利用鸡舍前后等空地以及旧容器、砖池、育苗温床等，来生产动物性蛋白质饲料，加工有机肥料，处理生活垃圾。其优点是就地取材、投资少、设备简单、管理方法简便，并可利用业余或辅助劳力，充分利用有机废物
田间养殖法	选用地势比较平坦，能灌能排的桑园、菜园、果园或饲料田，沿植物行间开沟槽，施入腐熟的有机肥料，上面用土覆盖 10 厘米左右，放入蚯蚓进行养殖，经常注意灌溉或排水，土壤含水量保持在 30% 左右。冬天可在地面覆盖塑料薄膜保温，以便促进蚯蚓活动和繁殖能力。由于蚯蚓的大量活动，土壤疏松多孔，通透性能好，可以实行免耕。适宜于放养鸡的牧地养殖

（4）饲料的处理 凡无毒的植物性有机物质，经发酵腐熟均可作为蚯蚓的饲料。作物秸秆或粗大的有机废物应切碎，垃圾则应分选过筛，除去

金属玻璃、塑料、砖石和炉渣，再经粉碎；家畜粪便和木屑，则可不进行加工，直接进行发酵处理。把经过处理的有机物质混合均匀，其中以粪料占60%，草料占40%左右的粪草混合物为最好。然后加水拌匀，含水量控制在40%～50%，即堆积后以堆底边有水流出为止。堆成梯形或圆锥形，最后堆外面用塘泥封好或用塑料薄膜覆盖，以保温保湿。经4～5天，堆内的温度可达50～60℃，待温度由高峰开始下降时，要翻堆进行第二次发酵，将上层的料翻到下层，四周翻到中间，使之充分发酵腐熟，达到无臭味、无酸味，质地松软不沾手，颜色为棕褐，然后摊开放置。使用前，先检查饲料的酸碱度是否合适，一般 pH 在 6.5～8.0 都可使用。过酸可添加适量石灰，过碱可用水淋洗，这样有利于将过多的盐分和有害物质排除。饲用前，先用少量蚯蚓试验饲养，如无不良反应，即可应用。

第四节 土鸡的饲养标准与日粮配制

一、土鸡的饲养标准

根据土鸡维持生命活动和从事各种生产，如产蛋、产肉等对能量和各种营养物质需要量的测定，并结合各国饲料条件及当地环境因素，制定出鸡对能量、蛋白质、必需氨基酸、维生素和微量元素等的供给量或需要量，称为鸡的饲养标准，并以表格形式以每天每只具体需要量或占日粮含量的百分数来表示。生产中应用的饲养标准见表4-9～表4-15。

饲养标准中的营养定额，是在一定条件下的试验结果值，其适用性是有条件限制的。由于不同国家、地区、季节的动物生产性能、饲料品质及质量、环境条件和经营管理方式等的差异，并且这些差异还处于经常变化之中，因此，在应用饲养标准时，应按实际生产水平、饲料、饲养条件等，对饲养标准中的营养定额酌情进行调整。

表4-9 土鸡的饲养标准

营养成分含量	后备鸡			产蛋鸡及种鸡			商品肉鸡	
	周龄			产蛋率（%）			周龄	
	0～6	7～14	15～20	>80	65～80	<65	0～4	≥5
代谢能/（兆焦/千克）	11.92	11.72	11.30	11.50	11.50	11.50	12.13	12.55
粗蛋白质（%）	18.00	16.00	12.00	16.50	15.00	15.00	21.00	19.00

（续）

营养成分含量	后备鸡			产蛋鸡及种鸡			商品肉鸡	
	周龄			产蛋率（%）			周龄	
	0~6	7~14	15~20	>80	65~80	<65	0~4	≥5
钙（%）	0.80	0.70	0.60	3.50	3.40	3.40	1.00	0.90
总磷（%）	0.70	0.60	0.50	0.60	0.60	0.60	0.65	0.65
有效磷（%）	0.40	0.35	0.30	0.33	0.32	0.30	0.45	0.40
赖氨酸（%）	0.85	0.64	0.45	0.73	0.66	0.62	1.09	0.94
蛋氨酸（%）	0.30	0.27	0.20	0.36	0.33	0.31	0.46	0.36
色氨酸（%）	0.17	0.15	0.11	0.16	0.14	0.14	0.21	0.17
精氨酸（%）	1.00	0.89	0.67	0.77	0.70	0.66	1.31	1.13
维生素 A/（国际单位/千克）	1500.00	1500.00		4000.00		4000.00	2700.00	2700.00
维生素 D/（国际单位/千克）	200.00	200.00		500.00		500.00	400.00	400.00
维生素 E/（国际单位/千克）	10.00	5.00		5.00		10.00	10.00	10.00
维生素 K/（国际单位/千克）	0.50	0.50		0.50		0.50	0.50	0.50
硫胺素/（毫克/千克）	1.80	1.30		0.80		0.80	1.80	1.80
核黄素/（毫克/千克）	3.60	1.80		2.20		3.80	7.20	3.60
泛酸/（毫克/千克）	10.00	10.00		2.20		10.00	10.00	10.00
烟酸/（毫克/千克）	27.00	11.00		10.00		10.00	27.00	27.00
吡哆醇/（毫克/千克）	3.00	3.00		3.00		4.50	3.00	3.00
生物素/（毫克/千克）	0.15	0.10		0.10		0.15	0.15	0.15

（续）

营养成分含量	后备鸡			产蛋鸡及种鸡			商品肉鸡	
	周龄			产蛋率（%）			周龄	
	0~6	7~14	15~20	>80	65~80	<65	0~4	≥5
胆碱/（毫克/千克）	1300.00	900.00		500.00		500.00	1300.00	850.00
叶酸/（毫克/千克）	0.55	0.25		0.25		0.35	0.55	0.55
维生素 B_{12}/（微克/千克）	9.00	3.00		4.00		4.00	9.00	9.00
铜/（毫克/千克）	8.00	6.00		6.00		8.00	8.00	8.00
铁/（毫克/千克）	80.00	60.00		50.00		30.00	80.00	80.00
锰/（毫克/千克）	60.00	30.00		30.00		60.00	60.00	60.00
锌/（毫克/千克）	40.00	35.00		30.00		65.00	40.00	40.00
碘/（毫克/千克）	0.35	0.35		0.30		0.30	0.35	0.35
硒/（毫克/千克）	0.15	0.10		0.10		0.10	0.15	0.15

表 4-10 土鸡父母代公鸡饲养标准

成分含量	周龄 0~4	5~8	9~19	20~68
粗蛋白（%）	20	18	16	14
代谢能/（兆焦/千克）	12.122	12.122	11.495	11.286
粗纤维（%）	3.5	3.5	5~6	6
钙（%）	1.0	1.0	1.0	1.0
有效磷（%）	0.46	0.46	0.46	0.45
盐（%）	0.36	0.36	0.37	0.37

第四章

（续）

成分含量 / 周龄	0 ~ 4	5 ~ 8	9 ~ 19	20 ~ 68
赖氨酸（%）	0.9	0.9	0.7	0.7
蛋氨酸（%）	0.4	0.4	0.3	0.3

注：1. 微量元素和维生素可参照种母鸡的用量使用。

2. 由于缺乏种公鸡的饲养标准，许多鸡场只好以产蛋母鸡的日粮饲喂种公鸡，带来较大危害，主要表现有：一是高钙、高蛋白质日粮必然给消化系统和泌尿系统，尤其是肝脏、肾脏等实质器官带来沉重的代谢负担，造成肝脏、肾脏损伤，使种公鸡体况下降，精液品质变差；二是高钙、高蛋白质日粮，大大超过了种公鸡对钙和蛋白质的需要，多余的蛋白质在体内经脱氨基作用而转变为脂肪储存于体内，使种公鸡日益变肥，体重迅速增加，性机能减退，精液品质下降；三是多余的蛋白质在体内的降解，尿酸增多，与钙等形成尿酸盐，极易造成痛风症引起死亡，而且也增加生产成本。笔者运用动物营养学的基础理论，通过大量实践设计出了土著种公鸡的饲养标准，经过数个大型土著种鸡养殖场数年的使用，均反映种公鸡性欲旺盛，射精量和精子密度都很好。种蛋受精率一般都稳定在91% ~ 95%，现进行介绍。

表4-11　中华人民共和国地方品种黄鸡的饲养标准

周　　龄	0 ~ 5	6 ~ 11	≥12
代谢能/（兆焦/千克）	11.72	12.13	12.55
粗蛋白质含量（%）	20.00	18.00	16.00
蛋白能量比/（克/兆焦）	17.06	14.84	12.74

注：1. 其他营养指标参照生长期蛋用鸡和肉用仔鸡的饲养标准折算。

2. 适用于广东三黄胡须鸡、清远鸡、杏花鸡等，不适用于石岐杂鸡以及各种肉用黄鸡型杂交种。

表4-12　黄羽肉种鸡饲养标准（优质地方品种）

项目 / 周龄	后备鸡阶段			产蛋期
	0 ~ 5	6 ~ 14	15 ~ 19	≥20
代谢能/（兆焦/千克）	11.72	11.3	10.88	11.30
粗蛋白质含量（%）	20.00	15.00	14.00	15.50
蛋白能量比/（克/兆焦）	17.00	13.00	13.00	14.00
钙含量（%）	0.90	0.60	0.60	3.25
总磷含量（%）	0.65	0.50	0.50	0.60

（续）

周龄\项目	后备鸡阶段			产蛋期
	0～5	6～14	15～19	≥20
有效磷含量（%）	0.50	0.40	0.40	0.40
食盐含量（%）	0.35	0.35	0.35	0.35

表4-13 黄羽肉仔鸡饲养标准（优质地方品种）

周龄\项目	0～5	6～10	11	≥11
代谢能/（兆焦/千克）	11.72	11.72	12.55	13.39～13.81
粗蛋白质含量（%）	20.00	17.00～18.00	16.00	16.00
蛋白能量比/（克/兆焦）	17.00	16.00	13.00	13.00
钙含量（%）	0.90	0.80	0.80	0.70
总磷含量（%）	0.65	0.60	0.60	0.55
有效磷含量（%）	0.50	0.40	0.40	0.40
食盐含量（%）	0.35	0.35	0.35	0.35

注：1. 我国还没有统一的土仔鸡饲养标准，表4-13标准适用于广东三黄胡须鸡、清远鸡、杏花鸡等少数地方黄羽鸡品种。我国的土鸡品种繁多，它们分布于不同的特定区域，其生长速度、上市体重各异，也不可能制定出一个适用于所有土鸡的饲养标准。土鸡养殖场（户）引进雏鸡时，可向供苗场或公司索取引进鸡的饲养标准，供设计饲料配方参考。

2. 由于公、母鸡生长速度有差异，对各种营养成分要求也不同，公、母鸡分群饲养时应设计和使用不同的饲料配方。

表4-14 乌鸡种鸡的饲养标准

营养成分含量	雏鸡（0～60日龄）	育成鸡（61～150日龄）	产蛋率>30%	产蛋率<30%
代谢能/（兆焦/千克）	11.91	10.66～10.87	12.28	10.87
粗蛋白（%）	19.00	14.00～15.00	16.00	15.00
钙（%）	0.80	0.60	3.20	3.00
有效磷（%）	0.50	0.40	0.50	0.50
盐（%）	0.35	0.35	0.35	0.35
赖氨酸（%）	0.32	0.25	0.30	0.25
蛋氨酸（%）	0.80	0.50	0.60	0.50

表4-15　新浦东鸡饲养标准

营养成分含量	育雏期（0~10周）	育成期（11~24周）	成年期（25~72周）
代谢能/（兆焦/千克）	11.72~12.13	12.13~12.55	12.13~12.55
粗蛋白质（%）	19.00~21.00	16.00~17.00	17.00~18.00
钙（%）	0.8~1.0	0.8~1.0	3.0
有效磷（%）	0.4~0.5	0.4~0.5	0.4~0.5

二、日粮配方的设计

鸡的正常生长和生产需要40多种营养素，缺少了任何一种都会使鸡发生营养缺乏症。虽然饲料的种类很多，但是，没有一种饲料所含的营养成分能完全符合鸡对营养的需要。所以，必须利用各种饲料中所含营养成分种类和数量的差异性选择多种饲料科学配制日粮。根据鸡的饲养标准、饲料的营养价值、原料供应情况及价格等因素，合理地确定各种饲料的配合比例，这种饲料的配合比，即为日粮配方。

提示

　　设计日粮配方时，必须既要考虑动物的营养需要及生命活动特点，又要合理、充分地利用当地各种饲料资源。

1. 设计日粮配方的原则

（1）**饲料种类力求多样化**　选用的饲料原料种类应尽可能多一些，这样可以利用氨基酸和其他营养物质的互补作用，保证日粮中的营养物质比较完善，从而提高饲料利用率，满足饲料标准的要求。

（2）**饲料的适口性要好**　设计日粮配方时应选择适口性、无异味、无霉变、不酸败的饲料。若采用营养价值高、价格便宜、适口性较差的饲料（如血粉、菜籽粕等），应限制其用量。

（3）**控制饲料配方中粗纤维的含量**　鸡对粗纤维的消化和利用能力很差，在日粮配方设计时粗纤维的含量应控制在4%以下，不使用粗纤维含量较高的饲料。

（4）**控制好饲料体积**　饲料体积过大，养分浓度降低，不但会造成消化道负担过重，影响鸡对饲料的消化和吸收，而且也难以满足鸡的营养需要。反之，饲料体积过小，虽能满足鸡的营养需要，但鸡会没有饱腹感而易处于不安状态，影响生长发育及生产性能。

（5）要注意饲料卫生　设计日粮配方时，不能仅仅考虑营养因素，还要考虑饲料的卫生状况，对被有毒化学物质、农药和病原体污染的饲料，不得使用，以免造成不良后果。

（6）保持饲料配方的相对稳定　日粮配方投入使用以后，应保持相对稳定。频繁变动饲料配方和原料会造成土鸡的消化不良，影响其生长和产蛋。因此，饲料原料要有稳定可靠的来源，有时由于原料价格变化很大，需改动饲料配方，要逐步进行，避免对土鸡造成大的影响。

（7）尽量选用叶黄素含量较高的饲料　叶黄素是维持蛋黄、皮肤黄色所必需的天然色素。鸡体内不能合成，必须从饲料中获得，故为土鸡设计日粮配方时，应注意选用富含叶黄素的饲料，如选用黄玉米，而避免使用白玉米，添加紫红苜蓿草粉、万寿菊草粉等。应尽量利用和发掘当地的饲料资源。

（8）饲料的来源与价格　在设计日粮配方时，根据原料的适用性和价格，合理地选用各种饲料。在养殖实践中，从饲料的价格和饲养效果来看，对土鸡来说经常存在着某些饲料较其他饲料更为合适的情况。例如，在花生粕供应充足的地方或季节，用花生粕代替一部分豆粕，不但能保证高的产蛋率和种蛋的质量，而且还可大大地降低饲料成本。

2. 设计日粮配方的依据

（1）饲养标准　配制日粮时，必须以鸡的饲养标准为依据，合理应用饲养标准来配制日粮。但鸡的营养需要是个极其复杂的问题，饲料的品种、产地、保存好坏会影响饲料的营养含量，鸡的品种、类型、饲养管理条件等也能影响营养的实际需要量，温度、湿度、有害气体、应激因素、饲料加工调制方法等也会影响营养的含量和消化吸收。因此，在生产中既要按饲养标准配制日粮，也要根据实际情况作适当的调整，以充分满足动物的营养需要，更好地发挥其生产性能。但其调整幅度不可过大，一般应控制在10%上下为宜。

（2）饲料成分及营养价值表　饲料成分及营养价值表是通过对各种饲料的主要成分、氨基酸、矿物质和维生素等成分进行分析化验，经过计算、统计，并在动物饲养试验的基础上，对饲料进行营养价值评定后制定出来的。它客观地反映了各种饲料的营养成分和营养价值，是合理利用各种饲料的科学依据。但应该注意的是有些饲料，如鱼粉、各种饼粕、骨粉等，常因产地、所用原料和加工工艺的不同，其所含营养成分的营养价值常有较大的变化。故对从不同产地和厂家购入的原料均应做

各种营养成分的测定，并以实测值作为饲料成分的依据。

3. 全价日粮配方的设计

日粮配方的设计和计算技术是近代应用数学与动物营养学相结合的产物。它是实现饲料合理配制、降低饲养成本、提高经济效益的技术手段。其方法很多，如四角法、试差法、线性规划法及电子计算机优选法等。生产中常用的是试差法。

试差法是以饲养标准为基础，根据以往经验和动物营养学理论初步拟出日粮各组分的配比，以各组分的各种营养成分含量之和，分别与饲料标准的各个营养成分的需要量相比较，出现的余缺再用调整饲料配比的方法，来满足各种营养成分的需要量。

现以土种鸡产蛋期饲料配方的设计、计算为例，进行说明。

① 查出土鸡产蛋期的饲养标准，见表4-16。

表4-16　土鸡产蛋期饲养标准

营养成分含量	代谢能/（兆焦/千克）	粗蛋白质（%）	食盐（%）	钙（%）	磷（%）
营养指标	11.5	16.5	0.35	3.2	0.46

② 结合本地饲料原料来源、营养价值、饲料的适口性、毒素含量等情况，初步确定选用饲料原料的种类和大致用量。

③ 从鸡的常用饲料成分及营养价值表中查出所选用原料的营养成分含量，初步计算粗蛋白质的含量和代谢能，见表4-17。

④ 将计算结果与饲养标准对比，发现粗蛋白质含量为17.0%，比标准16.5%高；代谢能含量为11.39兆焦/千克，比标准11.50兆焦/千克略低。调整配方，增加高能量饲料玉米的比例，降低麸皮的比例，降低高蛋白饲料豆粕、花生粕的比例，调整后的计算见表4-17。

表4-17　土鸡产蛋期日粮配制的计算

饲料种类	初步计算			调整后计算		
	比例（%）	粗蛋白质含量（%）	代谢能/（兆焦/千克）	比例（%）	粗蛋白质含量（%）	代谢能/（兆焦/千克）
玉米	62	5.332	8.717	64	5.504	8.998
麸皮	3	0.432	0.197	2	0.288	0.131
豆粕	16	7.552	1.646	15.2	7.174	1.564
棉籽粕	2	0.830	0.159	2	0.830	0.159

（续）

饲料种类	初步计算			调整后计算		
	比例（%）	粗蛋白质含量（%）	代谢能/（兆焦/千克）	比例（%）	粗蛋白质含量（%）	代谢能/（兆焦/千克）
菜籽粕	2	0.770	0.160	2	0.770	0.160
花生饼	3	1.317	0.368	2.8	1.229	0.343
鱼粉	1.4	0.771	0.144	1.4	0.771	0.144
石粉	8			8		
骨粉	2			2		
合计	99.4	17.0	11.39	99.4	16.57	11.50

⑤ 列出配方。玉米64%、麸皮2%、豆粕15.2%、棉籽粕2%、菜籽粕2%、花生饼2.8%、鱼粉1.4%、石粉8%、骨粉2%、食盐0.25%、复合多维0.04%、蛋氨酸0.1%、赖氨酸0.1%、杆菌肽锌0.01%。

三、常用饲料配方

以下饲料配方，均是笔者指导土鸡父母代种鸡生产使用过的配方，各土鸡养殖场均反映良好，现列于此，供各土鸡养殖场参考（表4-18 ~ 表4-20）。

表4-18 种用或蛋用土鸡的饲料配方

饲料成分	0~6周			7~14周			15~20周			土鸡产蛋期		
	1	2	3	1	2	3	1	2	3	1	2	3
玉米（%）	65	63	60	65	65	65	70.4	66	65	64	64.6	62
麦麸（%）	0	2	0	6	7.3	6	14	13.4	13.5	0	0	0
米糠（%）	0	0	0	0	0	0	0	5	8	0	0	0
豆粕（%）	22	21.9	23	16.3	14	13	6	0	0	15	15	14
菜籽粕（%）	2	0	0	4	4	2	2	6	5	2	0	0
棉籽粕（%）	2	2	2	2	2	2	2	2	0	2	0	0
花生粕（%）	2	6	2.6	0	3	0	0	4	4	6	6	8
芝麻粕（%）	2	0	0	0	0	2	0	0	0	2	1	2.7
鱼粉（%）	2	0	0	0	0	0	0	0	0	3.1	2	2
石粉（%）	1.22	1.2	1.2	1	1.2	1.2	1.1	1.1	1.1	8	8	8
磷酸氢钙（%）	1.3	1.4	1.8	1.2	1.2	1.5	1.2	1.2	1.1	1	1.1	1.0
微量添加剂（%）	0.1	0.1	0.1	0	0	0	0	0	0	0	0	0

（续）

饲料成分	0~6 周			7~14 周			15~20 周			土鸡产蛋期		
	1	2	3	1	2	3	1	2	3	1	2	3
复合多维(%)	0.04	0.04	0.04	0	0	0	0	0	0	0	0	0
食盐(%)	0.26	0.3	0.3	0.3	0.3	0.3	0.3	0.3	0.3	0.3	0.3	0.3
杆菌肽锌(%)	0.02	0.02	0.02	0	0	0	0	0	0	0	0	0
氯化胆碱(%)	0.06	0.04	0.04	0	0	0	0	0	0	0	0	0
复合预混料(%)	0	0	0	3	3	3	3	3	3	2	2	2
代谢能/ (兆焦/千克)	12.1	11.9	11.8	11.7	11.7	11.7	11.5	11.7	11.4	11.3	11.3	11.3
粗蛋白质(%)	19.4	19.5	18.3	16.4	16.35	16.5	12.5	16.35	12.3	16.5	16.0	17.1
钙(%)	1.10	1.00	1.00	0.92	0.90	0.92	0.78	0.90	0.79	3.5	3.4	3.5
有效磷(%)	0.45	0.04	0.41	0.36	0.35	0.36	0.31	0.35	0.32	0.38	0.36	0.38

注：微量添加剂是微量元素添加剂。

表4-19　商品土鸡0~4周龄的饲料配方

饲料成分	配方1	配方2	配方3
玉米(%)	60.0	58.0	64.0
豆粕(%)	22.4	22.0	15.0
菜籽粕(%)	2.0	3.0	3.0
棉籽粕(%)	1.0	3.0	5.0
花生粕(%)	6.0	6.0	6.0
肉骨粉(%)	2.0	0	0
鱼粉(%)	2.0	3.0	1.0
油脂(%)	0	1.0	1.0
石粉(%)	1.2	1.2	1.2
磷酸氢钙(%)	1.1	1.5	1.5
食盐(%)	0.3	0.3	0.3
复合预混料(%)	2.0	2.0	2.0

（续）

饲料成分	配方1	配方2	配方3
代谢能/（兆焦/千克）	12.20	12.00	12.30
粗蛋白质(%)	20.80	21.20	21.50
钙(%)	1.10	1.10	1.10
有效磷(%)	0.46	0.46	0.46

表4-20　商品土鸡5周龄以上的饲料配方（%）

饲料成分	配方1	配方2	配方3	配方4	配方5	配方6
玉米	63.2	64.4	70.0	69.5	64	64.5
麸皮	3	3	0	0	5	8
豆粕	17	20	12.0	13.5	20	18
菜籽粕	0	0	0	0	0	0
棉籽粕	0	0	0	10	0	0
花生粕	5	0	0	0	0	0
蚕蛹	0	0	0	2	0	0
鱼粉	6	3	14	2	8	8
油脂	3	3	0	0	0	0
石粉	0.5	2	1.5	0.65	0.33	0.13
磷酸氢钙	1	2	1.2	1.0	1.3	1
食盐	0.3	0.4	0.3	0.35	0.37	0.37
复合预混料	1	1	1	1	1	1

第五章 土鸡场的设计与建设

规模化养鸡，环境是成败的关键，而鸡场和鸡舍是保证适宜环境的基础。合理选择场址和规划布局，科学设计鸡舍和配备各种设备，并加强鸡场的卫生管理，才能保证有良好的、适宜的、洁净的养鸡环境。而目前许多中小型鸡场不注重鸡场设计，不舍得投入资金来改善环境，导致鸡场脏、乱、差，疾病频繁发生，产品质量差。

第一节 舍饲土鸡场场址的选择、规划布局和鸡舍设计

一、场址的选择

鸡场是土鸡的生活地，鸡场的环境与鸡群的健康、蛋品和肉品的质量紧密相关。因此，在土鸡场场址选择上必须遵循以下原则。

1. 场地

土鸡场应保证土壤土质、水源水质、空气及周围建筑等环境均符合无公害化生产的要求。因此，应将鸡场选在远离重工业区、化工工业区、居民点的地方，最好选在山坡、树林旁等水质优良、空气清新的地方。若鸡场建在重工业区，尤其是化工工业区，鸡就会从污染的水和空气中摄入有害物质，并聚集在体内。这些有害物质不但会危害鸡体健康，降低饲料报酬，而且还会随着鸡肉和鸡蛋进入餐桌，危害人们的健康。

2. 地势与地形

土鸡场要求地势高燥，平坦，稍有坡度更好，这样更有利于排水和排污，保持场地干燥。如果将鸡场选在低洼潮湿的地方，多雨季节容易积水泥泞，通风不良，空气闷热，使鸡群产生热应激，导致生产力下降。同时，这种环境有利于蚊、蝇等昆虫的滋生，使虫媒传染病的发生机会增多。

土鸡场要求地形整齐、开阔、有足够的面积。地形整齐有利于鸡场

建筑和各种设施的合理布局，并提高场地的利用率。场地开阔，周围没有高层建筑物，不但有利于鸡场的通风和采光，而且给今后的发展、场地的拓宽留出了余地。

3. 土壤

鸡场场地的土壤应透气、透水性能良好。透气、透水性能差的土壤受到粪尿等有机物污染后，在厌氧条件下分解产生氨和硫化氢等有害气体，污染场区空气。另外，透气、透水性能差的土壤容易吸水，导致场地潮湿。在潮湿的环境中，如遇适宜的温度，病原微生物就会大量繁殖，危害鸡群健康。

4. 水源

鸡群每天要饮水，饲养管理人员生活要用水，养鸡场各种用具清洁洗刷要用水，炎热季节鸡舍降温更要使用大量的水。因此，鸡场必须具有充足的水源，且水质必须达到饮用水标准。水源以地下水为好，它不但比较充足，不易受气候变化的影响，而且被污染的机会较少，也便于加工处理。以地下水为水源时，应注意有些内陆地区和沿海地区的地下水常有咸涩味，在这些地区建鸡场，必须具备水质良好、供应充足的供水系统，否则不宜建场养鸡。

提示

> 土鸡场的水源要求：水量充足、水质良好、取用方便和便于保护。

二、场区规划布局

土鸡场场内布局要因地制宜、科学合理。合理规划各区的位置、房舍的类型、道路的走向、供水供电及排污管线、绿化带等，使之有利于生产管理、卫生防疫、环境条件的控制。

1. 场区规划

根据功能不同，可将鸡场分为生活区、管理区、生产区和隔离区等。从人畜健康角度出发，根据风向和地势合理确定各区位置，如图 5-1 所示。

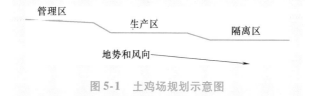

图 5-1　土鸡场规划示意图

2. 鸡舍距离

鸡舍间的距离与鸡舍的通风、采光、卫生、隔离、防火密切相关。如果鸡舍之间的距离过近，则南边鸡舍会遮挡北边的鸡舍，使北边鸡舍见不到阳光；当发生传染病时，上风向鸡舍排出的污浊空气很容易进入下风向鸡舍，引起病原体在鸡舍间的传播；如果发生火灾，很容易殃及全场的鸡舍及鸡群。为了保持生产区和鸡舍有一个良好的环境，鸡舍之间应保持适宜的距离。一般认为鸡舍间的距离，以不低于鸡舍高度的 5 倍为宜，如鸡舍的高度为 5 米，则鸡舍之间的距离最少不应低于 25 米。

3. 场内道路

场内道路主要指生产区中的道路，生产区应设清洁道和排污道。清洁道供饲养管理人员、运料车、鸡群转群车等使用；排污道则供清污人员、清污车辆以及淘汰病、死鸡时使用。清洁道和排污道应平行排列，不得交叉。

4. 储粪场

储粪场应设在生产区和生活区的下风向，并与鸡舍、职工宿舍之间保持有一定的卫生间距（40～50 米）；最好位于田间小道旁，以便于将粪便运往农田或鱼塘。储粪场的地面要夯实或做成水泥地面，以防粪液流失或渗漏污染水源和土壤。储粪场较低的一侧应建一个集液池，以收集和储存粪水，便于随时取用肥田。

5. 防疫隔离设施

鸡场周围要设置隔离墙，墙体严实，高度为 2.5～3 米，外围再设置隔离带。鸡场大门设置消毒池和消毒室，供进入的人员、设备和用具消毒。

土种鸡或蛋鸡饲养场布局图见图 5-2。

三、鸡舍设计

鸡舍是鸡生活和生产的场所，鸡舍环境直接影响着鸡的健康和生产性能的发挥。生产中许多问题的发生都与鸡舍的环境不良有密切关系。为了保证鸡群的健康和较高的生产力，鸡舍的建筑、结构及设置都应符合生产及卫生要求，为提高劳动生产效率提供方便。土鸡场的鸡舍有育雏舍、育成舍、种鸡舍和商品鸡舍。

1. 鸡舍的朝向

鸡舍的朝向是指鸡舍长轴与南北方向的位置关系。鸡舍朝南，即鸡舍

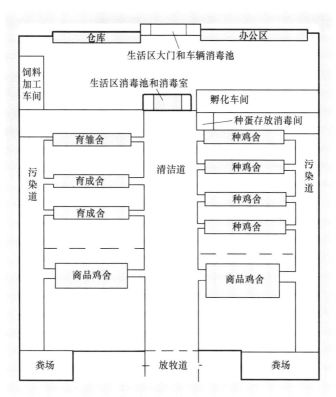

图 5-2　土种鸡或蛋鸡饲养场布局图

的长轴垂直于南北方向，为东西走向，对于我国大部分地区来说是较为适宜的。这样的朝向，在冬季可以充分利用太阳照射的温热效应为鸡舍防寒供暖；夏季阳光不易直射鸡舍墙体进入舍内，有利于鸡舍的防暑降温。

2. 鸡舍类型

鸡舍的类型和结构对鸡舍的环境控制具有决定性的作用，因此在建场时应进行精心设计和选材。常见的鸡舍有开放式和密闭式两种类型。

① 开放式鸡舍。开放式鸡舍的前后墙都有窗户，靠自然的空气流通进行通风和换气（图5-3）。采光通过窗户获得自然光照，光照时间随季节的转换而增减，舍内温度基本上也是随着季节的变化而升降，冬季常使用一些保温材料适当遮挡窗口。

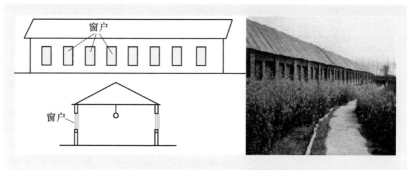

图5-3　有窗户的开放式鸡舍立面图和实景图

这种鸡舍的设计、建材、施工工艺与内部设置等条件要求较简单，造价较低，投资较少，常用来饲养育成鸡或商品土鸡。饲养商品土鸡的开放式鸡舍常设有运动场，鸡群经常进行户外运动并接受在自然条件下的锻炼，适应性和抗逆性较好，体质较为强健。

提示

　　开放式鸡舍饲养的鸡群，其生理状态与生产性能均受到外界条件变化的影响，外界条件变化愈大，对鸡群的影响也愈大。因此，常造成生长发育缓慢，产蛋率忽高忽低的现象。

　　② 密闭式鸡舍。这种鸡舍是用保温性能良好的建筑材料建成的，将鸡舍小环境与外界环境完全隔开，有的设有应急窗，有的无应急窗（图5-4）。舍内小气候通过通风机和空调来控制和调节，使各种环境条件都能满足鸡体的生理需要。

　　密闭式鸡舍能有效控制鸡群的生活环境，避免严寒酷暑等气候骤变对鸡群产生的不利影响，为鸡群的生活和生产提供一个适宜的环境。密闭式鸡舍基本上切断了大多数媒介传入疫病的途径，使传染病的发病率大幅度减少。因此，鸡群的生长发育较好，生产性能比较稳定，一年四季可以均衡生产。

提示

　　密闭式鸡舍的设计、建筑条件要求较高，鸡舍建设、配套设备投入较大，对电力依赖性强，运行成本偏高。

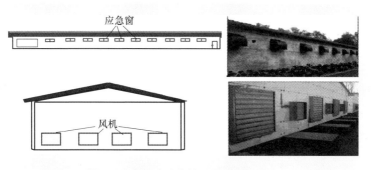

图 5-4 密闭式鸡舍的立面图和实景图

3. 鸡舍设计要求

（1）育雏舍设计要求 育雏舍的长和宽应根据场地形状、大小、笼具规格和饲养数量等确定，高度一般为 2.5～2.8 米。育雏舍要符合如下条件。

① 较好的保温隔热能力。鸡舍的保温隔热能力影响舍内温热环境，特别是温度。保温隔热能力好，不仅有利于冬天的保温和夏季的隔热，也有利于舍内适宜温度的稳定。专用育雏舍，由于雏鸡需要较高的环境温度，育雏期需要人工加温，所以，对保温性能要求更高些。鸡舍的保温结构设计要合理，具有一定的厚度，设置天花板，精细施工。为减少散热和保温可以缩小窗户面积（每间可留两个 1 米 × 1 米的窗户）和降低育雏舍的高度（高度一般为 2.5～2.8 米）。育雏育成舍，不仅要考虑保温，还要考虑通风和隔热；设置的窗户面积可以大一些，育雏期封闭，育成期可以根据温度情况打开；设置活动式天花板，育雏期封闭，育成期根据温度情况撬开；适当提高鸡舍房檐高度（3～3.2 米），并设置通风换气系统。

② 良好的卫生条件。鸡舍的地面要硬化，墙体要粉刷光滑，有利于冲洗和清洁消毒。

③ 适宜的鸡舍面积。面积大小关系到鸡群的饲养密度，影响其培育效果，因此必须有适宜的鸡舍面积。培育方式不同、鸡的种类不同、饲养阶段的不同导致需要的面积也不同，所以鸡舍面积要根据培育方式、种类、数量来确定。

（2）育成舍或育肥舍设计要求 育成舍和育肥舍一般不需要人工加温，只需要增加面积和通风量，对其结构没有特殊要求，可以因地制宜地进行建设，但需要考虑冬季的保温和夏季的防暑。

（3）**蛋鸡舍和种鸡舍设计要求** 蛋鸡舍和种鸡舍要求有一定的保温性能，采光和通风条件良好，一般不需要供温设施，通过自身产热就能维持所需温度。种鸡舍要求地面宽阔，宽度一般在6~8米，长度依饲养规模而定。鸡舍高度要求在3.5~4米，要设置顶棚。阳面窗户面积大，阴面窗户面积小。种鸡自然交配时，舍前应设置运动场，面积是舍内面积的1~2倍，舍内设产蛋箱。笼养时采用人工授精技术，无须运动场和产蛋箱。不同的饲养方式，舍内的结构和设施有所不同。自然交配的种鸡舍类型有地面平养、网上平养和地面—网上结合平养（图5-5）；人工授精的种鸡舍笼具排列方式有一般式和高床式两种（图5-6）。

图5-5 地面—网上结合平养种鸡舍

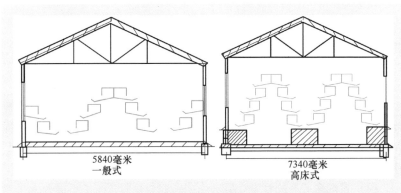

图5-6 笼养鸡舍的笼具排列方式

第二节 放养土鸡场场地的选择和鸡舍建设

一、放养地的选择

放养土鸡需要有良好的生态条件。适合规模放养土鸡的地方包括山地、坡地、园地、大田、河湖滩涂和经济林地等。放养场地必须远离住宅区、工矿区和公路主干线，环境僻静、空气质量好。

山地、坡地最好有灌木林、荆棘林和阔叶林等，其坡度不宜过大，附近有未被污染的小溪、池塘等清洁水源。场地地势高燥，空气新鲜，环境安静，土壤以沙壤土为佳，使鸡能够自由活动，如晒太阳、觅食和泥沙浴等，采食天然的饲料。

适宜养鸡的园地包括竹园、果园、茶园和桑园等，应选择向阳、平坦、干燥、取水方便、树冠较小、树木稀疏、无污染和无兽害的场地。否则，场地阳光不足、阴暗潮湿或坡度太大，不利于鸡群管理和鸡体健康。最理想的是核桃园、枣园、柿园、桑园等。在果园放养鸡，一定要避开用药期。

可以利用冬闲田放养土鸡。一般选择离村庄较远、交通便利、地势平坦、取水排水方便的地块，面积一般不小于1000米^2。

二、放养鸡舍的建筑要求

（1）**鸡舍的位置适当** 放养鸡的鸡舍要建在地势较高的地方，下雨不发生水灾且容易干燥，空气、水源无污染。

（2）**便于清洁卫生** 地面最好硬化，以便清理粪便和鸡舍消毒；或使用网面，使鸡不与粪便接触，减少疾病传播机会。

（3）**通风换气良好** 根据放养季节能够调节鸡舍的门窗进行适量通风换气，保持鸡舍空气新鲜和环境条件适宜。

（4）**保温隔热性好** 没有固定的育雏舍，可在放养地建设育雏舍进行育雏，育雏舍一定要保温隔热。可以利用一些廉价的隔热材料，如塑料布、彩条布等设置天棚，隔离一些小的空间等来增加鸡舍的保温性能。

（5）**安全性能好** 鸡舍和饲料间的门窗要安装铁丝网，以防鸟类和野生动物进入鸡舍和饲料间，伤害鸡只和糟蹋饲料。

三、放养鸡舍的建设

（1）**简易鸡舍** 在果园、林地等放养区，选一块地势较高、背风向阳的平地，用油毡、无纺布及竹木、茅草等，借势搭建成坐北朝南的简易鸡舍。可直接搭成金字塔形，棚门朝南，另外三边可着地，也可四周砌墙，其方法不拘一格，随鸡龄增长及所需面积的增加，可以灵活扩展。棚舍能保温、能挡风，做到雨天不漏水、雨停棚外不积水，刮风棚内不串风即可。或用竹、木搭成"人"字形框架，棚顶高2米，南北檐高1.5米；扣棚用的塑料薄膜接触地面部分用土压实，棚的顶面用绳子扣紧；棚的外侧东、北、西三面要挖好排水沟，四周用竹片围起，做到冬暖夏凉；棚内安装电灯，配齐食槽、饮水器等用具。一般以500只鸡为1个养鸡单位，按每平方米容纳15~20只鸡的面积搭棚。值班室和仓库建在鸡舍旁，方便看管和饲养。

（2）普通鸡舍的修建 鸡舍修建成单坡或双坡式屋顶，两侧纵墙可留较大的窗户，或北墙留大窗户，南侧可用尼龙网或铁丝网围隔（图5-7）。这种鸡舍可建在果园内。

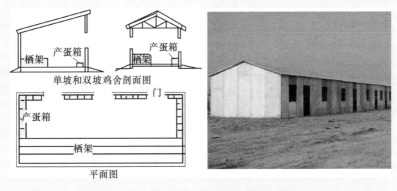

图5-7 普通鸡舍的剖面图、平面图和实景图

（3）塑膜大棚鸡舍 修建塑膜大棚鸡舍的材料可因地制宜，就地取材。墙可用砖或石头等砌成，圈外设储粪池。后坡棚顶可用木板、竹子、板皮、柳条等铺平，上面铺以废旧塑料膜、编织袋、油毡等，再用黄泥掺麦草或锯末抹平，最上面盖瓦或石棉瓦等。棚支架用木材、竹子、钢筋、硬塑等均可。棚杆间距以0.5~0.8米为宜；塑膜鸡舍的排气口应设在棚顶部的背风面，

贵妃鸡舍内散养及养殖设备

高出棚顶50厘米，排气孔顶部要设防风帽。鸡舍进气口应设在南墙或东墙的底部，距地面5~10厘米（图5-8）。

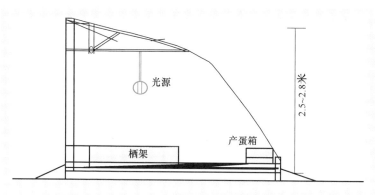

图 5-8　单坡式塑料大棚鸡舍

第三节　常用的设备用具

一、供温设备

1. 煤炉供温

煤炉供温指在育雏室内设置煤炉和排烟通道，燃料用炭块、煤球、煤块均可。在保温良好的房舍，每 20 ～ 30 米^2 设置 1 个煤炉即可。为了防止舍内空气污染，可以紧挨墙砌煤炉，把煤炉的进风口和掏灰口设置在墙外。这种方法的优点是省燃料、温度易上升，缺点是费人力、温度不稳定，适用于专业户、小规模鸡场的各种育雏方式。煤炉供温见图 5-9。

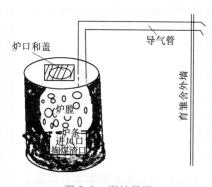

图 5-9　煤炉供温

2. 保姆伞供温

保姆伞形状像伞，撑开吊起，伞内侧安装有加温和控温装置（如电热丝、电热管、温度控制器等），伞下一定区域温度升高，达到育雏温度（图5-10）。雏鸡在伞下活动、采食和饮水。伞的直径大小不同，养育的雏鸡数量也就不等。现在伞的材料多是耐高温的尼龙，可以折叠，使用方便。其优点是育雏数量多，雏鸡可以在伞下选择适宜的温度带，换气良好；缺点是育雏舍内还需要保持一定的温度（需要保持在24℃）。此方法适用于地面平养、网上平养。

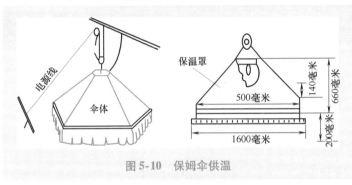

图 5-10　保姆伞供温

3. 热水热气供温

大型鸡场育雏数量较多，可在育雏舍内安装散热片和管道，利用锅炉产生的热气或热水使育雏舍内温度升高。此法可保持育雏舍清洁卫生，育雏温度稳定，但投入较大。

4. 热风炉（暖风炉）供温

热风炉供温是将热风炉产生的热风引入育雏舍内，使舍内温度升高。热风炉（暖风炉）供温见图5-11。

图 5-11　热风炉（暖风炉）供温

二、通风设备

鸡舍的通风方式有自然通风和机械通风两种。

1. 自然通风

自然通风主要利用舍内外温度差和自然风力进行舍内外空气交换，适用于开放舍和有窗舍。它利用门窗开启的大小和鸡舍屋顶上的通风口进行通风换气。通风效果取决于舍内外的温差、通风口大小和风力的大小。炎热夏季舍内外温差小，冬季鸡舍封闭严密都会影响通风效果。

2. 机械通风

机械通风利用风机进行强制送风（正压通风）和排风（负压通风）。常用的风机是轴流式风机（图5-12）。风机由外壳、叶片和电动机组成，有的叶片直接安装在电动机的转轴上，有的是叶片轴与电动机轴分离，由传送带连接。

图5-12 轴流式风机

三、照明设备

鸡舍必须安装人工照明系统。人工照明采用普通灯泡或节能灯泡，需安装灯罩，以防尘和最大限度地利用灯光。根据饲养阶段的不同采用不同功率的灯泡，如育雏舍用40～60瓦的灯泡，育成舍用15～25瓦的灯泡，产蛋舍用25～45瓦的灯泡。灯距为2～3米。在笼养鸡舍每个走道上安装一列光源；平养鸡舍的光源布置要均匀，如图5-13所示。

第五章

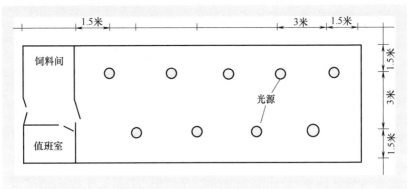

图 5-13　平养鸡舍光源布局图

四、笼具

1. 育雏笼

常见的育雏笼是四层重叠育雏笼。该笼层高 333 毫米，每组笼面积为 700 毫米×1400 毫米，层与层之间设置两个粪盘，全笼总高为 1720 毫米。一般采用 6 组配置，其外形尺寸为 4404 毫米×1450 毫米×1720 毫米，总占地面积为 6.38 米^2，可育至 7 周龄雏鸡 800 只。加热组在每层顶部内侧装有 350 瓦远红外加热板 1 块，由乙醚胀缩饼或双金属片调节器自动控温，另设有加湿槽及吸引灯，除与保温组连接一侧外，三面采用封闭式，以便保温。保温组两侧封闭，与雏鸡活动笼相连的一侧挂帆布帘，以便保温和雏鸡进出。雏鸡活动笼两侧挂有饲喂网格片，笼外挂有饲槽或饮水槽。目前多采用 6~7 组的雏鸡活动笼。

2. 育雏育成笼

育雏育成笼每个单笼长 1900 毫米，中间由一隔网隔成两个笼格，笼深 500 毫米，适于 0~20 周龄的雏鸡，以三层阶梯或半阶梯布置，每小笼养 12~15 只鸡，每整组可养 150~180 只。通过饲槽喂料，用乳头饮水器或长流水水槽供水。

3. 种鸡笼

种鸡笼分为小群笼具和单体笼具。小群笼每笼放置 10~12 只母鸡，1 只公鸡，或 20 只母鸡，2 只公鸡，自然交配；单体笼每笼分 4 格，每格 4 只鸡，进行人工授精。

五、清粪设备

清粪方式有人工清粪和机械清粪两种。人工清粪需要的设备是铁锹、刮板和粪车；机械清粪的设备有刮板式清粪机和输送带式清粪机。

六、清洗消毒设施

1. 人员的清洗消毒设施

一般在鸡场入口处设有人员脚踏消毒池，外来人员和本场人员在进入场区前都应经过消毒池对鞋进行消毒。在生产区入口处设有消毒室，消毒室内设有更衣间、消毒池、淋浴间和紫外线消毒灯等，本场工作人员及外来人员在进入生产区时，都应经过淋浴、更换专门的工作服和鞋、通过消毒池、接受紫外线灯照射等过程，方可进入生产区。紫外线灯照射的时间要达到 15 ~ 20 分钟。

2. 车辆的清洗消毒设施

鸡场的入口处设置的车辆消毒设施，主要包括车轮清洗消毒池和车身冲洗喷淋机。

3. 场内清洗消毒设施

鸡场常用的场内清洗消毒设施有高压清洗机、喷雾器(图 5-14)和火焰消毒器。

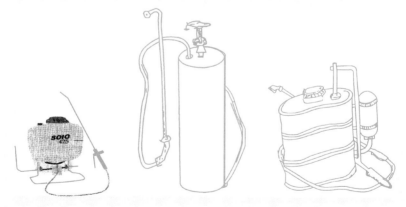

图 5-14　常见的背负式手动喷雾器

七、喂料和饮水设备

喂料方式有人工喂料和机械喂料。人工喂料时，育雏期的饲喂用具有开食盘（图5-15，每100只鸡1个）、长形料槽（每只鸡5厘米）或料桶（图5-16，每15只鸡1个）；育成期大号料桶（每10只鸡1个）或长形料槽（每只鸡10厘米）；成年鸡使用长形料槽。机械喂料时，使用自动喂料系统，主要有链环式喂料系统、螺旋式喂料系统、塞盘式喂料系统、轨道车喂饲机等几种形式。

放养鸡的料槽和饮水设备

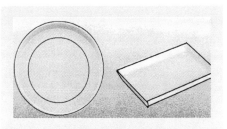

图5-15　雏鸡开食盘

饮水设备主要有水槽、真空饮水器、吊塔式饮水器（图5-17）、杯式和乳头式自动饮水器（图5-18）等几种。

网上平养的自动饮水器

储料桶

采食栅

料盘

图5-16　料桶

图5-17　吊塔式饮水器（普拉松）

八、其他用具

其他用具包括滴管、连续注射器、气雾机等防疫用具，以及自动断喙器和称重用具。

第五章

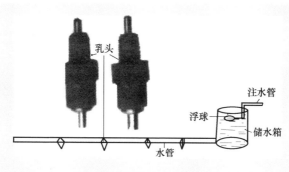

图 5-18　乳头式自动饮水器

第四节　鸡场环境管理

一、鸡场的绿化

绿化不仅可以美化环境，而且可以净化环境。

1. 生活区与管理区的绿化

生活区与管理区的绿化应具有美化环境和观赏的作用。各种花木可相间排列，构成一定的美观图案，并使花木的开花期错开，使全年都有花木开花。

2. 场界周围的绿化

场界周围宜种植常绿乔木和灌木混合林带。场界的北、西两侧的混合林带的宽度应达 10 米以上，一般至少种植 5 行，以增加防风、防沙效果。

3. 防疫隔离区的绿化

防疫隔离区包括疫病控制室、粪便污物处理区。为达到降尘和防止人畜闯入的目的，应以乔木和灌木相间种植，密度要大，以人畜不能穿越为宜。

4. 场内道路的绿化

场内道路的绿化以遮阴和美化为目的，可种植常绿乔木，并配植有观赏价值的花木或花草。

5. 鸡舍之间的绿化

在鸡舍之间较宽的情况下，可种植一些树干低矮的桃树或梨树。这

样不但美化环境，收获一定量的鲜果，而且又不妨碍鸡舍的通风和采光。如果鸡舍之间的距离较近，则不宜种树，而可种植花草，以避免妨碍鸡舍的通风和采光。

6. 鸡舍周围的绿化

鸡舍南墙和西山墙的墙边可种植攀爬植物，如爬山虎、葡萄等，使藤蔓延着窗户两侧的墙壁攀爬直达房顶。这样可大大增强鸡舍的防暑降温效果。

二、水源的卫生防护

不同地区的鸡场有不同类型的水源，其卫生防护的要求也不同。

1. 地面水

地面水主要有河水、湖水、泉水和池塘水等，使用时应注意：①取水点附近及上游不能有任何污染源；②在取水处可设置汲水踏板或建汲水码头伸入河、湖、池塘中，以便能汲取远离岸边的清洁水；③可以在岸边建自然渗滤井或沙滤井，以改善地面水的水质。

2. 地下水

通过水井取水时要注意：①选择合适的水井位置，水井设在管理区内地势高燥处，防止雨水、污水倒流引起污染，远离厕所、粪坑、垃圾堆、废渣堆等污染源；②水井结构良好，井台要高出地面，使地面水不能从四周流入井内，井壁使用水泥、石块等材料砌筑以防地面水漏入，井底用沙、石、多孔水泥板作材料以防搅动底部泥沙。

三、灭鼠与杀虫

1. 灭鼠

鼠是人、禽多种传染病的传播媒介，还能盗食饲料和禽蛋，咬死雏禽，咬坏物品，污染饲料和饮水，危害极大，为此鸡场必须加强灭鼠工作。灭鼠的措施主要有以下几点。

(1) 防止鼠类进入建筑物 鼠类多从墙基、天棚、瓦顶等处窜入室内，在设计施工时注意：墙基最好用水泥制成，碎石和砖砌的墙基，应用灰浆抹缝。墙面应平直光滑，防鼠沿粗糙墙面攀登。砌缝不严的空心墙体，易使鼠隐匿营巢，要填补抹平。为防止鼠类爬上屋顶，可将墙角处做成圆弧形。墙体上部与天棚衔接处应砌实，不留空隙。瓦顶房屋应缩小瓦缝并填实瓦、椽间的空隙。用砖、石铺设的地面，应衔接紧密并用水泥灰浆填缝。各种管道周围要用水泥填平。通气孔、地脚窗、排水沟（粪尿沟）出口均应安装孔径小于 1 厘米的铁丝网，以防鼠窜入。

（2）器械灭鼠　器械灭鼠方法简单易行，效果可靠，对人、禽无害。灭鼠器械种类繁多，主要有夹、关、压、卡、翻、扣、淹、粘、电等。近年来还研究和采用电灭鼠和超声波驱鼠等方法。

（3）化学灭鼠　化学灭鼠效率高、使用方便、成本低、见效快，缺点是能引起人、禽中毒，有些鼠对药剂有选择性、拒食性和耐药性。所以，使用时须选好药剂和注意使用方法，以保安全有效。灭鼠药剂种类很多，主要有灭鼠剂、熏蒸剂、烟剂、化学绝育剂等。鸡场化学灭鼠应当使用慢性长效灭鼠药，如溴敌隆、敌鼠钠盐等。

鸡场化学灭鼠要注意定期和长期结合。定期灭鼠有三个时机：一是在鸡群淘汰后，切断水源，清走饲料，再投放毒饵的效果最好；二是在春季鼠类繁殖高峰，此时的杀灭效果也较好；三是秋季天气渐冷，外部的老鼠迁入舍内之际。在这三种情况下，灭鼠能达到事半功倍的效果。长期灭鼠的方法是在室内外老鼠活动的地方放置一些毒饵盒，毒饵盒的大小要让老鼠容易进入和通过，而其他动物不能接触到毒饵，要经常更换毒饵。

鸡场的鼠类以孵化室、饲料库、鸡舍中最多，是灭鼠的重点场所。饲料库可用熏蒸剂毒杀。投放毒饵时，要防止毒饵混入饲料中。鼠尸应及时清理，以防被人、禽误食而发生二次中毒。应选用鼠长期吃惯了的食物作饵料，突然投放，饵料要充足，分布广泛，以保证灭鼠的效果。

2. 杀虫

鸡场易滋生蚊、蝇等有害昆虫，骚扰人、禽和传播疾病，给人、禽健康带来危害，应采取综合措施杀灭。

（1）环境卫生　搞好鸡场环境卫生，保持环境清洁、干燥，是杀灭蚊、蝇的基本措施。蚊虫需在水中产卵、孵化和发育，蝇蛆也需在潮湿的环境及粪便等废弃物中生长。因此应填平无用的污水池、土坑、水沟和洼地，保持排水系统畅通，对阴沟、沟渠等定期疏通，勿使污水蓄积。储水池等容器应加盖，以防蚊蝇飞入产卵。对不能清除或加盖的防火储水器，在蚊、蝇滋生季节，应定期换水。永久性水体（如鱼塘、池塘等），蚊虫多滋生在水浅而有植被的边缘区域，通过修整边岸，加大坡度和填充浅湾，能有效地防止蚊虫滋生。禽舍内的粪便应定时清除，并及时处理，储粪池应加盖并保持四周环境的清洁。

（2）化学杀灭　化学杀灭是使用天然或合成的毒物，以不同的剂型

（粉剂、乳剂、油剂、水悬剂、颗粒剂、缓释剂等），通过不同途径（胃毒、触杀、熏杀、内吸等），毒杀或驱逐蚊蝇的方法。化学杀虫法具有使用方便、见效快等优点，是当前杀灭蚊、蝇的较好方法。

① 马拉硫磷。马拉硫磷为有机磷杀虫剂。它是世界卫生组织推荐用的室内滞留喷洒杀虫剂，其杀虫作用强而快，具有胃毒、触毒作用，也可作熏杀，杀虫范围广，可杀灭蚊、蝇、蛆、虱等，对人、禽的毒害小，故适于禽舍内使用。

② 敌敌畏。敌敌畏为有机磷杀虫剂，具有胃毒、触毒和熏杀作用，杀虫范围广，可杀灭蚊、蝇等多种害虫，杀虫效果好，但对人、禽有较大毒害，易被皮肤吸收而中毒，故在禽舍内使用时，应特别注意安全。

③ 拟除虫菊酯。拟除虫菊酯是一种神经毒药剂，可使蚊、蝇等迅速呈现神经麻痹而死亡。本药杀虫力强，特别是对蚊的毒效比敌敌畏、马拉硫磷等高 10 倍以上，对蝇类，因不产生抗药性，故可长期使用。

（3）物理杀灭 利用机械方法以及光、声、电等物理方法，捕杀、诱杀或驱逐蚊蝇，如可以发出声波或超声波以及能将蚊、蝇驱逐的电子驱蚊器，均能达到防除效果。

（4）生物杀灭 生物杀灭是利用天敌杀灭害虫，如池塘养鱼即可达到鱼类治蚊的目的。此外，应用细菌制剂——内菌素杀灭吸血蚊的幼虫，效果良好。

四、废弃物处理

鸡场的废弃物，如粪便、污水、死鸡等直接影响到鸡场的卫生和疫病控制，危害鸡群安全和公共卫生安全，必须进行无害化处理。

1. 粪便处理

粪便既是污染物质，又是很好的资源，鸡粪的处理应该注重无害化、资源化。其处理有如下方法。

（1）生产肥料 鸡粪是优质的有机肥，经过堆积腐熟或高温、发酵干燥处理后，体积变小、松软、无臭味，不带病原微生物，常作为果林、蔬菜、瓜类和花卉等经济作物的肥料，也用于无土栽培和生产绿色食品。

① 堆粪法（图 5-19）。堆粪法是一种简单实用的处理方法，在距鸡场 100～200 米或以外的地方设一个堆粪场，在地面挖一浅沟，深约 20 厘米，宽 1.5～2 米，长度不限，随粪便多少确定。先将非传染性的粪便或垫草等堆至厚 25 厘米，其上堆放欲消毒的粪便、垫草等，高达 1.5～

2米，然后在粪堆外再铺上厚10厘米的非传染性的粪便或垫草，并覆盖厚10厘米的沙子或土，如此堆放3周至3个月，即可用以肥田。当粪便较稀时，应加些杂草，太干时倒入稀粪或加水，使其不稀不干，以促进发酵。

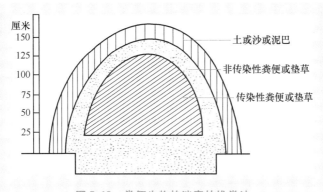

图5-19　粪便生物热消毒的堆粪法

②干燥法。新鲜鸡粪的主要成分是水，通过脱水干燥，可使其含水量降到15%以下。这样，一方面减少了鸡粪的体积和重量，便于包装、运输和应用；另一方面也可有效地抑制鸡粪中微生物的生长繁殖，从而减少营养成分特别是蛋白质的损失。常用的干燥方法有高温快速干燥法、太阳能自然干燥法、鸡舍内干燥法和自然干燥法。

（2）生产饲料　鸡粪含有丰富的营养成分，开发利用鸡粪饲料具有非常广阔的应用前景。国内外试验结果均表明，鸡粪不仅是反刍动物良好的蛋白质补充料，也是单胃动物及鱼类良好的饲料蛋白来源。鸡粪饲料资源化的处理方法有直接饲喂、干燥处理（自然干燥、微波干燥和其他机械干燥）、发酵处理、青贮及膨化制粒等。

1）干燥处理。利用自然干燥或机械干燥设备将新鲜鸡粪干燥处理。

2）发酵处理。利用各种微生物的活动来分解鸡粪中的有机成分，从而可以有效地提高有机物质的利用率；在发酵过程中形成的特殊理化环境可以抑制和杀灭鸡粪中的病原体，同时还可以提高粗蛋白含量并起到除臭的效果。

①自然厌氧发酵。发酵前应先将鸡粪适当干燥，使其含水量保持在32%~38%，然后装入用混凝土筑成的圆筒形或方形水泥池内，装满压实

后用塑料膜封好，留一小透气孔，以便让发酵产生的废气逸出。发酵的时间随季节而定，春秋季一般3个月，冬季4个月，夏季1个月左右即可。由于细菌活动产热，刚开始温度逐渐上升，内部温度达到83℃左右时即开始下降，当其内部温度与外界温度相等时，说明发酵停止，即可取出鸡粪按适当比例直接混入其他饲料内喂食。

② 充氧动态发酵。鸡粪中含有大量微生物，如酵母菌、乳酸菌等，在适宜的温度（10℃左右）、湿度（含水量45%左右）及氧气充足的条件下，好氧菌迅速繁殖，将鸡粪中的有机物质大量分解成易被消化吸收的物质，同时释放出硫化氢、氨气等。鸡粪在45~55℃下处理12小时左右，即可获得无臭、灭菌的优质有机肥料和再生饲料。此法的优点是：发酵效率高，速度快，鸡粪中营养损失少，杀虫灭菌彻底且利用率高。缺点是：须先经过预处理，且产品中水分含量较高，不宜长期储存。

③ 青贮发酵。将含水量60%~70%的鸡粪与一定比例铡碎的玉米秸秆（或利用垫草）、青草等混合，再加入10%~15%糠麸或草粉、0.5%食盐，混匀后装入青贮池或窖内，踏实封严，经30~50天后即可使用。青贮发酵后的鸡粪粗蛋白含量可达18%，且具有清香气味，适口性增强，是牛羊的理想饲料，可直接饲喂反刍动物。

④ 酒糟发酵。在鲜鸡粪中加入适量的糠麸，再加入10%的酒糟和10%的水，搅拌混匀后，装入发酵池或缸中发酵10~12小时，再经100℃蒸汽灭菌后即可利用。发酵后的鸡粪适口性提高，具有酒香味，而且发酵时间短，处理成本低，但处理后的鸡粪不利于长期储存，应现用现配。

3）膨化处理。将含水量小于25%的鸡粪与精饲料混合后加入膨化机，经机内螺杆粉碎、压缩与摩擦，物料迅速升温并呈糊状，经机头的模孔射出。由于机腔内、外压力相差很大，物料迅速膨胀，水分蒸发，相对体积质量变小，冷却后含水量可降至13%~14%。膨化后的鸡粪膨松适口，具有芳香气味，有机质消化率提高10%左右，并可消灭病原菌，杀死虫卵，而且有利于长期储存和运输。但入料的含水量要求小于25%，故需要配备专门的干燥设备才能保证连续生产，且耗电较高，生产率低，一般适合于小型养鸡场。

4）糖化处理。在经过去杂、干燥、粉碎后的鸡粪中，加入清水，搅拌均匀（加入水量以手握鸡粪呈团状不滴水为宜），与洗净切碎的青菜或青草充分混合，装缸压紧后，撒上3厘米左右厚的麦麸或米糠，缸口用塑料薄膜覆盖扎紧，用泥封严。夏季放在阴凉处，冬季放在室内，10 天后就可糖化。处理后的鸡粪养分含量提高，无异味而且适口性增强。

（3）生产动物蛋白　利用粪便生产蝇蛆、蚯蚓等优质高蛋白物质，既减少了污染，又提高了鸡粪的使用价值，但缺点是劳动力投入大，操作不便。近年来，美国科学家已成功在可溶性粪肥营养成分中培养出单细胞蛋白。家禽粪便中含有矿物质营养，啤酒酒糟中含有一定的碳水化合物，而部分微生物能够以这些营养物质为食。俄罗斯研究人员对这些微生物进行筛选，发现了一种拟内孢霉属的细菌和一种假丝酵母菌，它们能吃下禽粪及酒糟而产生细菌蛋白，这些蛋白可用于制造动物饲料。

（4）生产沼气　鸡粪是沼气发酵的优质原料之一，尤其是高水分的鸡粪。鸡粪和草或秸秆以（2～3）:1 的比例，在碳氮比（13～30）:1、pH 为 6.8～7.4 的条件下，利用微生物进行厌氧发酵，产生可燃性气体。每千克鸡粪可产生 0.08～0.09 米^3 的可燃性气体，发热值为 4187～4605 兆焦/米^3。发酵后的沼渣可用于养鱼、养殖蚯蚓、栽培食用菌、生产优质的有机肥和土壤改良剂。

2. 污水处理

鸡场必须专设排水设施，以便及时排除雨水、雪水及生产污水。全场排水网分主干和支干。主干主要是配合道路网设置的路旁排水沟，将全场地面径流或污水汇集到几条主干道内排出；支干主要是各运动场的排水沟，设于运动场边缘，利用场地倾斜度，使水流入沟中排走。排水沟的宽度和深度可根据地势和排水量而定，沟底、沟壁应夯实，暗沟可用水管或砖砌。如暗沟过长（超过 200 米），应增设沉淀井，以免污物淤塞，影响排水。但应注意，沉淀井距供水水源应在 200 米以上，以免造成污染。污水经过消毒后排放。被病原体污染的污水，可用沉淀法、过滤法、化学药品处理法等进行消毒，比较实用的是化学药品消毒法。方法是先将污水处理池的出水管用一木闸门关闭，将污水引入污水池后，加入化学药品（如漂白粉或生石灰）进行消毒，之后再将污水排出。

> **提示**
>
> 消毒药的用量视污水量而定，一般每升污水用 2～5 克漂白粉。

有的鸡场经营者认为污水不处理无关紧要或污水处理投入大，建场时不考虑污水的处理问题，有的鸡场只是随便在排水沟的下游挖个大坑，谈不上几级过滤沉淀，有时遇到连续雨天，沟满坑溢，污水四处流淌，或直接排放到肉鸡场周围的小渠、河流或湖泊内，严重污染水源和场区及周边环境，也影响本场鸡的健康。

土鸡场污水必须进行合理的处理：一是鸡场要建立各自独立的雨水和污水排放系统，雨水可以直接排放，污水要先进入污水处理系统；二是采用干清粪工艺，干清粪工艺可以减少污水的排放量；三是加强污水的处理，污水处理设施要远离鸡场的水源，进入污水池中的污水经处理达标后才能排放。如按污水收集沉淀池→多级化粪池或沼气→处理后的污水或沼液→外排或排入鱼塘的途径设计，以达到既能利用变废为宝的资源——沼气、沼液（渣），又能达到立体养殖增效的目的。

3. 尸体处理

鸡的尸体能很快分解腐败，散发恶臭，污染环境。特别是患传染病病鸡的尸体，其病原微生物会污染大气、水源和土壤，造成疾病的传播与蔓延。因此，必须正确而及时地处理死鸡，坚决不能图一己私利而出售。

（1）焚烧法　焚烧也是一种较完善的方法，但不能利用产品，且成本高，故不常用。对一些危害人、畜健康极为严重的传染病病畜的尸体，仍有必要采用此法。

（2）发酵　利用病死鸡尸体处理塔或化尸池进行发酵处理。

（3）土埋法　利用土壤的自净作用使其无害化。此法虽简单但不理想，因其无害化过程缓慢，某些病原微生物能长期生存，从而污染土壤和地下水，并会造成二次污染。采用土埋法，必须遵守卫生要求，即埋尸坑应远离畜舍、放牧地、居民点和水源，地势高燥，死鸡掩埋深度不小于2米，死鸡四周应洒上消毒药剂，埋尸坑四周最好设栅栏并做上标记。

> **注意**
>
> 处理禽尸时，不论采用哪种方法，都必须将病禽的排泄物、各种废弃物等一并进行处理，以免造成环境污染。

4. 垫料处理

鸡场采用地面平养（特别是育雏、育成期）时多使用垫料，使用垫料对改善环境条件具有重要的意义。垫料具有保暖、吸潮和吸收有害气体等作用，可以降低舍内湿度和有害气体浓度，保证一个舒适、温暖的小气候环境。

鸡舍简陋、设备不配套引起鸡只较多死亡的案例

某鸡场，采用阶梯式笼养，饲养密度为 20 只/米²。鸡舍屋顶是单层石棉瓦，舍内没有安装喷淋系统，排风系统设计得也不合理（只安装 2 个很小的排风扇往舍内吹风）。在 2003 年的夏季，由于气候特别炎热，环境温度高，屋顶又不隔热，大量的辐射热进入舍内，鸡舍内温度最高达到 43℃ 以上，加之不能进行有效的排风，造成严重的热应激，鸡只出现较多死亡，夏季死亡淘汰率超过 12%。

生产中，许多养殖户为了降低建设成本，不注重鸡舍屋顶设计和设备配置，屋顶简陋，冬天不保温、夏季不隔热，温热环境很难维持，看似是建设鸡舍节省了一点资金，如果细算，由于环境不良而造成的死亡淘汰率高、饲料消耗量大以及生产性能降低等损失会更大，真是得不偿失。

第五章

第六章　种用土鸡的饲养管理

种用土鸡按其生长发育不同，一般可以分为育雏期、育成期和产蛋期3个生理阶段。各个阶段在生理特点、生长发育规律和生产性能上存在很大差异。不同的生理阶段，应给以不同的饲养管理。

育雏期饲养管理的目标是提高雏鸡的成活率，促进体重增长。雏鸡体小质弱，对环境的适应能力差，所以要提供适宜的温度、湿度、新鲜空气、光照等环境条件，提供营养高、易消化的饲粮及饲养管理人员精心的饲养管理，才能获得育雏成功。

第一节　育雏期的饲养管理

一、雏鸡的生理特点

了解并掌握雏鸡的生长发育特点，提供适宜的条件，为养好雏鸡奠定良好基础。

1. 生长发育快

雏鸡正常出壳时的体重为37克左右，2周龄末体重可达到140克左右，6周龄雏鸡的体重为410克左右，可见雏鸡代谢旺盛，生长发育迅速，需要较多的营养物质。雏鸡单位体重的耗氧量和废气排出量也大大高于成年鸡，需要较多的氧气。

5 日龄的雏鸡

> **提示**
>
> 雏鸡的日粮营养含量要全面、充足和平衡，保证采食条件适宜（如光线充足，饲喂用具合理配置）；加强育雏期，特别是后期的通风换气，保证舍内空气新鲜。

第六章

104

2. 体温调节机能差

初生的幼雏体小娇嫩，大脑的体温调节机能还没有发育完善（如刚出壳的雏鸡体温低于成年鸡 1 ~ 3℃，只有到 3 周龄左右才达到成年体温），热调节能力弱。雏鸡体重越轻，表面积相对越大，散热越多；加之雏鸡绒毛稀而短，机体保温能力差，所以对外界环境的适应能力很差，特别是对低温的适应能力极差，需要人工控制温度，为雏鸡创造温暖、干燥、卫生、安全的环境条件。

提示

①育雏期的保温非常重要。②有人认为育雏过程中雏鸡羽毛脱落是缺乏营养或矿物质，其实羽毛脱落是正常的，因为雏鸡在 4 ~ 5 周龄、7 ~ 8 周龄、12 ~ 13 周龄、18 ~ 20 周龄共脱换 4 次羽毛。

3. 消化机能弱

雏鸡代谢旺盛、生长发育快，但是消化器官容积小（消化道长度只是成年鸡的 2/3）、消化酶不充足，消化功能差。因此，雏鸡的日粮不仅要求营养浓度高，而且要易于消化吸收。要选择容易消化的饲料配制日粮，对棉籽粕、菜籽粕等一些非动物性蛋白质饲料，雏鸡难以消化，并且适口性差，利用率较低，要适当控制添加比例，增加玉米、豆粕、鱼粉等优质饲料的用量。饲喂时要注意少喂勤添。

4. 抵抗力差

雏鸡体小质弱，对疾病的抵抗力弱，易感染疾病，如鸡白痢、大肠杆菌病、法氏囊病、球虫病、慢性呼吸道病等。育雏阶段要严格控制环境卫生，切实做好防疫隔离。

5. 敏感胆小

雏鸡比较敏感，胆小怕惊吓。因而其生活环境一定要保持安静，避免有噪声或突然惊吓；非工作人员应避免进入育雏舍。在育雏舍和运动场上应增加防护设备，以防鼠、蛇、猫、狗、老鹰等的袭击和侵害。

6. 群居性强

雏鸡模仿能力强，喜欢大群生活，一起采食、活动和休息，因此可以进行大群高密度饲养，便于管理，也有利于节省人力、物力和设备。但雏鸡对一些恶癖，如啄斗也具有模仿性，生产中应加以严格管理，避免密度过高、光线过强，发现此类恶癖时应及时挑出，防止蔓延。

二、育雏的方式

在养鸡生产中，常见的育雏方式有立体笼养、网上平养、地面平养和半网上平养 4 种。4 种育雏方式各具优缺点，养鸡场可根据自己的具体情况选用。

1. 立体笼养

立体笼养是将雏鸡放入多层笼内饲养的育雏方式。育雏笼由笼架、笼体、料槽、水槽和托粪盘组成。笼架一般长 100 厘米、宽 60 厘米、高 150 厘米。从离地 30 厘米算起，每 40 厘米为 1 层，每层为 1 笼，共分为 3 层。笼底与托粪盘相距 10 厘米，每层底部都设托粪盘，托粪盘是活动的，可以拉出清粪、清洗和消毒。

笼育雏鸡

笼养 4 日龄雏鸡

立体笼养的优点是可充分利用育雏舍，节约育雏用房面积，有利于保温和饲养管理；其缺点是一次性固定投入较大，雏鸡易逃出笼外。

2. 网上平养

网上平养是在舍内饲养区距地高 60 厘米处全部铺上竹、木栅条，栅条上再铺上塑料网，雏鸡放在网上进行饲养。鸡粪直接落于地面，减少与雏鸡接触，有利于保持舍内卫生，减少鸡患球虫病的机会，也可增加饲养密度。网上养鸡，其温度比地面温度高，饲养育雏期的种雏时应视外界环境温度变化情况而定。气温低时应适当供暖以提高舍内温度，防止雏鸡相互拥挤，打堆，造成损失；气温高时，可适当打开一些窗户加强通风，以降低舍内温度。采用网上平养时，饮水器和料桶的数量要充足，放置应均匀。

网上平养的优点是雏鸡活动范围大，运动充分，体质较强壮；缺点是不能充分利用鸡舍空间，热能消耗较大。

网上平养的网面及设备

网上平养雏鸡

网上平养18日龄的雏鸡

3. 地面平养

地面平养是在舍内水泥地面、砖铺地面或土地面上铺上垫料（垫料可以定期更换或定期添加，也可直到育雏结束后再清理垫料），将雏鸡养在垫料上的一种育雏方式。这种方式简单易行，常为小型养鸡户所采用；缺点是占地面积较大，管理不够方便，并且雏鸡易感染球虫病，成活率常常偏低。

提示

选择的垫料应具有导热性低、吸水性强、柔软、无毒、对皮肤无刺激性等特性，并要求来源广、成本低、适于做肥料和便于无害化处理。

常用垫料：稻草、麦秸、稻壳、树叶、野干草、植物藤蔓、刨花、锯末、泥炭和干土等。近年来，还采用橡胶、塑料等制成的厩垫取代天然垫料。

4. 半网上平养

半网上平养为地面平养与网上平养相结合的一种饲养方式。一般以鸡舍2/3左右的面积铺上离地面60厘米高的金属网或木、竹栅条，其余部分铺上垫料。这种饲养方式有利于舍内卫生和鸡的活动，增加了鸡的饲养只数。

采用半网上平养时，食槽与水槽全部放置在垫料部分，也可布置在靠近走道的栅栏一侧；若采用机械输送饲料装置，则可安装在网上。

三、育雏季节的选择

密闭式鸡舍全年均可育雏。开放式和半开放式鸡舍，不论饲养曾祖代、祖代、父母代哪代种鸡，育雏季节均以春季最好，秋季和冬季次之，夏季最差。3~5月孵化的种雏，因春季气温适中、日照渐长、阳光充足，育雏成活率高，种雏体质健壮；成鸡阶段赶上夏秋两季，户外活动时间多，后备鸡体质强健；当年8~10月开产，种鸡产蛋期长，产蛋率高，当年即可产生后代，第二年春季可大批量提供商品代种蛋。夏季育雏，正值高温季节，雏鸡生长慢，易发病。祖代夏季雏鸡在11月至第二年1月开产，第二年春季开始供父母代种雏，父母代春季雏鸡当年秋季可提供商品代种蛋。秋季育雏是指9~11月孵出的种雏。此时的气温适宜育雏，但受自然光照影响，性成熟早，到成年时种鸡体重较轻，所产种蛋较小，产蛋期持续时间短。祖代秋季雏鸡在第二年2~4月开产，春季可提供较多的父母代种雏。该批父母代10~12月可供商品代肉鸡苗。冬季育雏，恰遇一年中气温最低时期，需要人工加温的时间较长，燃料费用高，消耗的饲料也多，经济上不合算。但冬季加温育雏要比夏季降温育雏容易得多，冬季干燥，疾病少，成活率高。祖代冬雏第二年5~7月开产，秋季即可提供父母代种雏，该父母代来年可供应大批商品代雏鸡。

选择育雏季节，应根据每个季节的育雏特点，市场对种鸡、种蛋及肉仔鸡的供需预测，进行综合考虑。例如，每年的2~4月一般是优质土鸡的销售淡季，那么前一年的11月、12月和第二年的1月则是种蛋和雏鸡的销售淡季，市场对种蛋和雏鸡的质量要求高，但价格却很低。所以，每年的5~7月不要购进父母代种雏鸡，以防产蛋高峰期落在淡季，造成经济效益不佳或亏本。

四、育雏前的准备工作

雏鸡进入育雏舍前，应做好育雏的各项准备工作，包括育雏舍的维修整理、育雏用具的清洗和消毒、提前加温、备好饲料和药品等。

1. 育雏舍的维修整理

育雏舍要求的条件比其他鸡舍高，必须具备保温性能良好、不透风、不漏雨、不潮湿的特点。购进雏鸡以前，必须对育雏舍进行全面检查，查看房顶是否漏雨，墙壁有无裂缝，门窗是否严密，顶棚有无破损和鸟巢，墙角和地面有无老鼠洞，排气孔能否开闭自如，如果有达不到要求的地方，应进行维修。然后应清除舍内杂物，彻底打扫干净。

2. 准备育雏用具

育雏所需用具，如饲料桶、饮水器、承接雏鸡粪便用的塑料板、饲料车、加料勺、喷雾器、台秤（称鸡用）、工作服和胶鞋等均应配齐，并进行彻底清洗和消毒。

3. 育雏舍的消毒

育雏舍在雏鸡进入前，必须进行严格消毒。常用的消毒方法有以下2种。

（1）地面与墙壁的消毒　可用8％生石灰水加1％氢氧化钠溶液喷洒消毒，或者用汽油火焰喷灯进行火焰消毒，两者均可收到良好效果。

（2）室内熏蒸消毒　室内熏蒸消毒时间应安排在进雏鸡前3~4天进行，一般采用甲醛熏蒸。熏蒸前，应将育雏的所有用具，如鸡笼、饲料桶、饮水器等放入舍内，密闭门窗。按每立方米空间用甲醛40毫升和高锰酸钾20克的量，将高锰酸钾倒入甲醛中，使甲醛蒸发进行熏蒸消毒。消毒24小时后打开窗子换气，便可进雏。育雏舍经过消毒后，严格禁止未经消毒的用具和非饲养管理人员进入，以免重新污染。

4. 备好饲料

雏鸡对饲料的要求是：养分浓度要高一些，营养要全面，并且容易消化。养鸡户可根据上述要求选购饲料或自己配制饲料。

种用雏鸡的饲料消耗量因品种和阶段划分上存在的差异而不同，一般情况下，0~7周龄的耗料量约为1.5千克/只。

5. 提前加温

无论采用何种取暖方式，在雏鸡进入育雏舍前24小时都要开始加温，使舍内温度逐渐达到33~34℃。提前加温，一方面可烘烤室内潮气，降低墙壁和地面的吸热系数，有利于室内温度的恒定；另一方面也可检查室温能否达到要求及火道是否漏气，以便及早采取有效措施，以防不测。

五、育雏条件

环境条件影响雏鸡的生长发育和健康，只有根据雏鸡生理和行为特点提供适宜的环境条件，才能保证雏鸡正常生长发育。

网上平养4日龄雏鸡及加温、饲喂设备等

1. 适宜的温度

温度不仅影响雏鸡的体温调节、运动、采食、饮水及饲料营养消化吸收和休息等生理环节，还影响机体的代谢、抗体的产生、体质状况等。

提示

温度是饲养雏鸡的首要条件，温度是否适宜直接关系到育雏的成败。

育雏育成期的适宜温度见表6-1。

表6-1 育雏育成期的适宜温度

日龄	1~2	7	14	21	28	35	42	49~140
温度/℃	35~33	33~30	30~28	28~26	26~24	24~21	21~18	18~16

育雏温度的正确测定至关重要，如果温度计不准确或悬挂位置不当就会直接影响育雏效果。温度计使用前要校对；温度计的悬挂位置要正确。在生产中温度计的位置过高则测得的温度比要求的育雏温度低而影响育雏效果的情况常有出现。采用保姆伞育雏，温度计应挂在距伞的边缘15厘米处，高度与鸡背相平（大约距地面5厘米）；采用暖房式加温育雏，温度计应挂在距地面、网面或笼底面5厘米高处。育雏期不仅要保证适宜的育雏温度，还要保证适宜的舍内温度。

【小常识】>>>>

温度计的校对方法：将一支标准温度计（体温计）和校对的温度计放入35~38℃的温水中，观察其差值。如果校对的温度计显示的数值与标准温度计一致，说明准确；如果低于标准温度计A℃，可在校对的温度计上贴上白色胶布，并标注$+A$℃；如果高于标准温度计A℃，可在校对的温度计上贴上白色胶布，并标注$-A$℃。

根据雏鸡的生活状态表现判断温度是否适宜。温度适宜时，雏鸡在育雏舍内分布均匀，食欲良好，饮水适度，采食量每天增加；精神活泼，行动自如，叫声轻快，羽毛光洁整齐；粪便正常；饱食后均匀地分布在保姆伞周围或地面、网面上休息，头颈伸直，睡姿安详。温度过高时，幼雏远离热源，两翅和喙张开，呼吸加深加快，发出"吱吱"的鸣叫声，采食量减少、饮水量增加，精神差。若幼雏长时间处于高温环境，则采食量下降，饮水频繁，鸡群体质减弱，生长缓慢，易患呼吸道疾病和啄癖。在炎热的夏季育雏时容易发生上述情况。温度低的情况下，雏鸡拥挤叠堆，向热源靠近；行动迟缓，缩颈躬背，羽毛蓬松，不愿采食和饮水，发出尖而短的叫声；休息时不安静，站立，雏体萎缩，眼睛半开半闭。

2. 适宜的湿度

在适宜的湿度下，雏鸡感到舒适，能够健康地生长发育。一般育雏前期为防止雏鸡脱水，要求相对湿度较高，为 70%~75%，可以采取在舍内的火炉上放置水壶、在舍内喷热水等方法提高湿度；10~20 天，相对湿度降到 65% 左右；20 日龄以后，由于雏鸡的采食量、饮水量、排泄量增加，育雏舍易潮湿，所以要加强通风，更换潮湿的垫料和清理粪便，以保证舍内的相对湿度为 40%~55%。

🔑【小常识】>>>>

➡相对湿度的测定方法：在干湿温度计的水盘中放上水，将包裹温度计的棉纱浸入水盘中，挂在舍内，待 10 分钟后，可以观察温度计的读数。如果是圆盘式湿度计，转动中间有刻度（代表的是干温度计读数）的红色圆盘，使干温度计读数与圆盘周围黑色刻度（代表的是湿温度计读数）对齐，有一指针指向下方的刻度就是相对湿度。

3. 适量通风

新鲜的空气有利于雏鸡的生长发育和健康。加强通风换气可以驱除舍内的污浊气体，换进新鲜空气。同时，通风换气还可以减少舍内的水汽、尘埃和微生物，调节舍内温度。

通风换气的方法有自然通风和机械通风 2 种。自然通风的具体做法是：在育雏舍设通风窗，气温高时，尽量打开通风窗（或通气孔），气温低时把它关好。机械通风多用于规模较大的养鸡场，可根据育雏舍的面积和所饲养雏鸡的数量，选购和安装风机。

育雏舍既要保温，又要通风换气，保温与通气相互矛盾，应妥善处理。在保持温度的前提下，进行适量的通风换气。

注意

①育雏前期注重保温，育雏后期加强通风。②育雏舍内的空气以人进入舍内的不刺激鼻、眼，不觉胸闷为宜。通风时要切忌间隙风，以免雏鸡着凉感冒。

4. 适宜的饲养密度

饲养密度过大，雏鸡发育不均匀，易发生疾病，死亡率高，所以保持适宜的饲养密度是必要的。育雏期不同饲养方式的饲养密度见表6-2。

表6-2　育雏期不同饲养方式的饲养密度　　（单位：只/米²）

周龄　　方式	地面平养	网上平养	立体笼养
1～2	35～40	40～50	60
3～4	25～35	30～40	40
5～6	20～25	25	35
7～8	15～20	20	30

注：此处单位中的面积是指笼底面积。

5. 光照

育雏前3天，采用24小时连续光照制度，光照强度为50勒克斯（相当于15～20瓦/米² 的白炽灯），便于雏鸡熟悉环境，尽快学会采食，也有利于保温。4～7日龄，每天光照20小时，8～14日龄每天光照16小时，以后采用自然光照，光照强度逐渐减弱。

6. 卫生

雏鸡体小质弱，对环境的适应力和抗病力都很差，容易发病，特别是传染病。所以，入舍前要加强对育雏舍的消毒，加强环境、出入人员及用具和设备的消毒，经常带鸡消毒，并封闭育雏舍，做好隔离，减少污染和感染。

六、雏鸡的选择和运输

1. 雏鸡的选择

由于土鸡的健康受营养和遗传等先天因素的影响，也受孵化、长途运输、出壳时间过长等后天因素的影响，初生雏中常出现有弱雏、畸形雏和残雏等，对此需要淘汰，因此选择健康雏鸡是育雏的首要工作，也是育雏成功的基础。雏鸡的分级标准见表6-3。

表6-3　雏鸡的分级标准

级别	健雏	弱雏	残次雏
精神状态	活泼好动，眼亮有神	眼小细长，呆立嗜睡	不睁眼或单眼、瞎眼
体重	符合本品种要求	符合本品种要求或过轻	过轻、干瘪

（续）

腹部	大小适宜，平坦柔软	过大，或较小、肛门沾污	过大，或软或硬、青色
脐部	收缩良好	收缩不良、大肚脐、潮湿等	卵黄吸收不完全、血脐、疗脐
绒毛	长短适中、毛色光亮，符合品种标准	长或短、脆、色深或色浅、沾污	火烧毛、卷毛、无毛
下肢	两肢健壮、行动稳健	站立不稳、喜卧、行走蹒跚	弯趾跛腿、站不起来
畸形	无	无	有
脱水	无	有	严重
活力	挣脱有力	软绵无力似棉花状	无

2. 雏鸡的运输

（1）运输工具 雏鸡的运输工具多种多样，选用时因数量、路程远近和季节而定。汽车运输的时间安排比较自由，又可直接送达养鸡场，中途不必倒车。火车、飞机也是常用的运输方式，适合于长距离运输和夏冬两季运输，安全快速，但不能直接到达目的地。选用的工具要快速、便捷和平稳安全。

（2）携带证件 雏鸡运输的押运人员应携带检疫证、身份证、合格证和种畜禽生产经营许可证、路单及有关的行车手续。

（3）注意事项 ①应防寒、防热、防闷、防压、防雨淋和防振动。②运输雏鸡的人员在出发前应准备好食品和饮用水，中途不能停留；远距离运输应有两个驾驶员轮换开车；押运雏鸡的技术人员应在汽车启动后30分钟检查车厢中心位置的雏鸡的活动状态。③定时检查。每隔1~2小时检查1次。

七、育雏期的饲养技术

种用雏鸡的生长速度不是越快越好，而是要体质健壮、体重适中才好，90日龄末的体重以控制在1.1千克/只为宜。因此，在饲养管理上，就有一些特殊的要求。

1. 饮水

雏鸡出壳后，卵黄囊内尚有部分卵黄没有被吸收利用，这部分营养物质需要 3~5 天才能被吸收完，尽早利用卵黄囊的营养物质，对幼雏的生长发育及提高其成活率均有明显的效果。及时、连续不断地供给雏鸡饮水，可加速这种营养物质的吸收和利用。所以，雏鸡进入育雏室后，应立即供给饮水。

在育雏室 33~34℃ 的高温条件下，雏鸡通过呼吸挥发掉大量的水分，因而需要随时饮水来维持体内水代谢的平衡。如果断水时间稍长，即可引起雏鸡脱水，甚至死亡。

提示

为使雏鸡尽快恢复体力、消除运输应激，在饮水中最好按 5% 的比例加入蔗糖或葡萄糖，也可以按厂家说明加入电解多维或速溶多维等。

0~3 周龄的雏鸡不得供给冷水，应供给 30℃ 左右的温水，并且做到供水不断，可使雏鸡随时自由饮用。应高度注意，间断供水会造成鸡群干渴，发生抢水，容易使一些雏鸡被挤入水里淹死。即使采用塔式饮水器也难以避免这种现象的发生，只不过是程度较轻而已。抢水的另一后果是导致许多雏鸡的羽毛被弄湿，出现发冷、扎堆、压死现象，若不及时发现，会造成严重损失。雏鸡的正常饮水量见表 6-4。

表 6-4 雏鸡的正常饮水量

周龄	1~2	3	4	5	6	7	8
饮水量/[毫升/（天·只）]	自由饮水	40~50	45~55	55~65	65~75	75~85	85~90

在为雏鸡提供饮水时应注意以下方面。

① 将饮水器均匀地放在育雏舍光亮温暖、靠近料盘的地方（图 6-1）。

② 保证饮水器中经常有水。发现某个饮水器中无水，应立即加水，不要待所有饮水器无水时再加水（雏鸡有定位饮水习惯），避免鸡群缺水后的暴饮。

③ 药水要现用现配，以免失效。掌握准确的药量，防止过高或过低，过高易引起中毒，过低无疗效。

④ 经常刷洗饮水器水盘，保持干净卫生。

⑤ 进行饮水免疫的前后 2 天，饮用水和饮水器不能含有消毒剂，否则会降低疫苗效果，甚至使疫苗失效。

⑥ 注意观察雏鸡是否都能饮到水，发现饮不到水要查找原因，立即解决。若饮水器少，要增加饮水器的数量；若光线暗或不均匀，要增加光照强度；若温度不适宜，要调整温度。

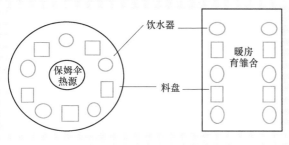

图 6-1　饮水器和料盘的位置

雏鸡入舍后
饮水器和料筒
的摆放情况

2. 采食

（1）雏鸡的开食　对雏鸡首次喂料叫开食。幼雏进入育雏舍，就可立即开食。

提示

　　最重要的是保证雏鸡出壳后尽快学会采食。学会采食的时间越早，采食的饲料越多，越有利于雏鸡的早期生长和体重达标。

开食最适宜的饲喂用具是大而扁平的容器或料盘。因其面积大，雏鸡容易接触到饲料和采食饲料。每个规格为 40 厘米 × 60 厘米的开食盘可容纳 100 只雏鸡采食。有的养鸡场在地面或网面上铺上厚实、粗糙并有高度吸湿性的黄纸，将全价配合饲料用温水拌湿（手握成块，一松即散），撒在开食盘或黄纸上面让雏鸡采食。湿拌料可以提高适口性，又能保证雏鸡采食的营养物质全面（因许多微量物质都是粉状，雏鸡不愿采食或不易采食，拌湿后，粉可以粘在粒料上，雏鸡一并采食）。

注意

　　对不采食的雏鸡群要人工诱导其采食，即用食指轻敲纸面或食盘，发出雏鸡啄食的声响，诱导雏鸡跟着手指啄食，有一部分雏鸡啄食，很快会使全群采食。

（2）饲喂次数　开食后，第 1 天每 1~2 小时添料 1 次，少添勤添。添料的过程也是诱导雏鸡采食的一种措施。在前两周每天喂 6 次，其中 5：00 和 22：00 各 1 次；3~4 周每天喂 5 次；5 周以后每天喂 4 次；育成期一般每天饲喂 1~2 次。

注意

饲喂间隔时间要均等。

（3）饲喂方法　进雏前 3~5 天，将饲料撒在黄纸或料盘上，让雏鸡采食，以后改用料桶或料槽。前两周每次饲喂不宜过饱。幼雏贪吃，容易采食过量，引起消化不良，一般每次采食九成饱即可，采食时间约为 45 分钟。3 周以后可以自由采食。生产中要根据鸡的采食情况灵活掌握喂料量，余料多或吃不净，说明上次喂料量较多，下次添料时可以适当减少一些，反之，应适当增加喂料量。既要保证雏鸡吃好，获得充足的营养，又要避免饲料的浪费。

（4）药物拌料　为了预防沙门氏菌病、球虫病的发生，可以在饲料中加入药物。饲料中加药时，剂量要准确、拌料要均匀、用药时间要适当，还要考虑雏鸡的采食量和体重，以防药物中毒。

注意

开食后要注意观察雏鸡的采食情况，保证每只雏鸡都吃到饲料，尽早学会采食。开食几小时后，雏鸡的嗉囊应是饱满的，若不饱满应检查其原因（如光线太弱或不均匀、食盘太少或撒料不匀、温度不适宜、体质弱或其他情况）并加以解决和纠正。开食好的雏鸡采食积极、速度快，采食量逐日增加。

3. 饲喂沙砾

沙砾进入肌胃后，可刺激肌胃而使肌胃的收缩和舒张能力加强；并且还可以磨碎食物，有助于食物的消化和吸收，提高饲料的利用率。规模化养鸡时，土鸡被关在笼内或网上，无法从周围环境中采食到沙砾，故雏鸡 2 周龄后，就在鸡笼内或网上放置沙砾盘（槽），盘内放入沙砾，让其自由采食。将沙砾混合于饲料中饲喂，效果也很好。但是，混有沙砾的饲料不宜用于自动喂料机，以免沙砾磨损机械设备。

4. 饲喂青绿饲料

青绿饲料富含维生素，喂给雏鸡青绿饲料可节省昂贵的复合维生素添加剂。雏鸡从 5～6 日龄起，可以喂给青绿饲料。青绿饲料切碎后，可混合于粉状饲料中喂给，也可单独饲喂。青绿饲料的用量一般应控制在精饲料用量的 20% 左右为宜。饲喂青绿饲料费工费时、操作麻烦，仅适用于小型养殖户，大、中型养殖户难以应用。

注意

饲喂青绿饲料时要特别注意在日粮中要添加抗球虫类药物，以预防球虫病的发生。

八、育雏期的管理技术

1. 断喙

在鸡的饲养管理过程中，由于种种原因，如饲养密度大、光照强、通气不良、饲料不全价及机体自身因素等会引起鸡群之间相互叼啄，形成啄癖，包括啄羽、啄肛、啄翅、啄趾等，轻则伤残，重者造成死亡，所以生产中要对雏鸡进行断喙。同时，断喙可节省饲料，减少饲料浪费，使鸡群发育整齐。

（1）断喙的时间 断喙时间晚，喙质硬，不好断；断喙过早，雏鸡体质弱，适应能力差，都会引起较严重的应激反应。

提示

蛋用雏鸡一般在 8～10 日龄断喙，可在以后转群或上笼时补断。

（2）断喙的用具 较好的断喙用具是自动断喙器。

（3）断喙的方法 用拇指捏住鸡头后部，食指捏住下喙咽喉部，将上喙与下喙合拢，放入断喙器的小孔内，借助于灼热的刀片（灼热的刀片可防止组织出血），断去上喙长度的1/2，下喙长度的1/3（图6-2）。

（4）注意事项

① 断喙前、后，在饮水中可加维生素 K 和维生素 C，以缓解应激，减少出血。

② 断喙时要细心，发现有出血时，再轻烙一次或涂浓碘酊进行止血，以免失血过多造成死亡。

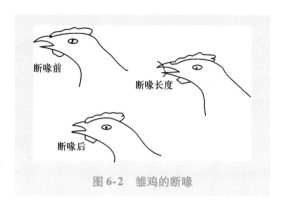

图 6-2　雏鸡的断喙

③ 注意勿将舌尖断掉。

④ 自然交配的鸡群，只要去掉种公雏喙尖的锐利部分就可以。否则，切去的部分过长，配种时公鸡无法咬住母鸡的颈羽，影响配种。

⑤ 断喙后，食槽内应有 1~2 厘米厚的饲料，以避免雏鸡采食时与槽底接触引起喙痛而影响以后的采食。

⑥ 如果以后喙过长则应再补断。

⑦ 断喙器保持清洁，以防断喙时交叉感染（多场共用一个断喙器时，在断喙前要进行熏蒸消毒）。

2. 断趾与断距

采取自然交配的种鸡群，在配种时，公鸡的趾和距易刺伤母鸡背部的皮肤。因而种公雏在 6~9 日龄时应进行断趾、断距。方法是用断趾器或电烙铁烧灼趾尖和距尖的角质组织，不使其再长大、长长。如果又逐渐长出来，并且较粗大、较长时，在配种前应将其断去。

3. 日常管理

保持良好的温度、湿度、通风、光照、饲养密度等环境条件是育雏成功的基础，除了控制好环境条件外，还应注意如下管理。

（1）加强对弱雏的管理　随着日龄的增加，雏鸡群内会出现体质瘦弱的个体，应及时挑出小鸡、弱鸡和病鸡，隔离饲养。可在饲料中添加糖、奶粉等营养剂，或加入维生素 C、速溶多维等抗应激剂，必要时可使用土霉素、链霉素、氟苯尼考等抗菌药物等，并精心管理，以期跟上整个鸡群的发育进程。

（2）注意观察鸡群　每天要细致观察鸡群，能及时发现问题，把疾患消灭于萌芽状态。

① 采食情况。正常的鸡群采食积极，食欲旺盛；触摸嗉囊感觉饱满。个别鸡不食或采食不积极应隔离观察。有较多的鸡不食或采食不积极，应该引起高度重视，尽快找出原因。

【小知识】>>>>

> 鸡不食的原因有：一是突然更换饲料，如两种饲料的品质或饲料原料差异很大，突然更换，鸡只没有适应而引起不食或少食。二是饲料的腐败变质，如酸败、霉变等。三是环境条件不适宜，如育雏期的温度过低或过高、温度不稳定，育成期的温度过高等。四是疾病，如鸡群发生较为严重的疾病。

② 精神状态。健康的鸡活泼好动；不健康的鸡会呆立一边或离群独卧，低头垂翅等。

③ 呼吸系统情况。观察有无咳嗽、流鼻、呼吸困难等症状，在晚上夜深人静时，蹲在鸡舍内静听雏鸡的呼吸音，正常状态下应该是安静的，听不到异常声音；若有异常声音，应引起高度重视，做进一步的检查。

④ 粪便检查。粪便可以反映鸡群的健康状态。粪便观察可以在早上开灯后，因为晚上鸡只卧在笼内或网上排粪，鸡群没有活动前粪便的状态容易观察。

【小知识】>>>>

> 正常的粪便多呈不干不湿黑色圆锥状，顶端有少量尿酸盐沉着，发生疾病时粪便会有不同的表现。患鸡白痢的鸡排出的是白色带泡状的稀薄粪便；患球虫病的鸡排出的是带血或肉状粪便；患法氏囊病的鸡排出的是稀薄的白色水样粪便等。

4. 定期称重

为准确掌握种雏的发育情况，及时对饲养管理措施进行调整。需进行定期称重，并计算平均体重和均匀度。

抽样称重应从第 2 或第 3 饲养周开始，每周末应称重 1 次，直至第 25 周末为止；开产后每 4 周称重 1 次。每次的称重时间应固定在每周末的同一天，抽样称重时间应安排在早上喂料前，这时鸡胃肠道的内容物较少，能较好地反映鸡的真实体重。

1）称重鸡数。生长期每栏（或每架笼）鸡数的5%~10%；产蛋期为2%~5%。每栏都要抽样称重，鸡群小时，公鸡、母鸡至少各称重50只。

具体方法随饲养方式而定。例如，平养常采用对角线法，随机在对角线两点用折叠的铁丝网将鸡包围起来，所围的鸡数应接近计划抽样称重的鸡只数。然后，用校对准确的台秤逐只称重，逐只记录，直至不加任何选择地把所围起来的鸡全部称完为止，然后计算平均体重和均匀度。

2）计算平均体重。将称重鸡只的体重相加，求得总重量，然后将总重量除以称重鸡数，即可得出平均体重。

3）检查鸡群的均匀度。均匀度是指鸡群中每只鸡体重大小的均匀程度。它是鸡群生产性能和饲养管理技术水平的综合指标。

在种鸡的饲养实践中，常会遇到鸡群的平均体重虽已达到标准，但鸡个体之间体重差异很大，均匀度很差的情况。生产实践证明，均匀度差的鸡群，因为个体间的性成熟期不同，高峰期难以集中，鸡群不出现产蛋高峰期，蛋重的大小差异也较大。一般情况下，均匀度每增加或减少3%，每只鸡年平均产蛋量将相应增加或减少4枚。

体重均匀度是指体重在鸡群平均体重±10%范围内的鸡占鸡群总数的百分比。如果称重100只土鸡，平均体重是1000克，平均体重±10%的范围是900~1100克，在这个范围内如果有85只鸡，鸡群的均匀度就是85%。土鸡各周龄的均匀度标准见表6-5。

表6-5　土鸡各周龄的均匀度标准

周　龄	体重在平均体重±10%范围内的鸡只百分数
4~6	85%
7~11	83%
12~15	80%
20周以上	75%

抽样称重后，如果均匀度偏低，应立即调整鸡群。逐只称重，按体重大小分成大、中、小3个等级，分别进行饲养。

提示

对于超过标准体重的鸡群，下周按原给量供料，不再随周龄的增大而增加给料量，直到其平均体重与标准体重相符合时，下周再按计划给料量供给；对于平均体重与标准体重相符合的鸡群，仍按原计划进行饲养；对于体重较轻而达不到标准体重的鸡群，应酌情增加空间，降低密度，增加饮水器和给料量，直至平均体重与标准体重相符合时，下周转为正常饲养。

5. 公鸡、母鸡分开饲养

公鸡、母鸡分开饲养（以下简称"分饲"）是指生长期（0～19周龄）内，公鸡、母鸡同舍分栏饲养管理；产蛋期（21～68周龄）内，公鸡、母鸡同栏饲养，分槽喂饲。

（1）公鸡、母鸡分饲的意义　生长期公鸡、母鸡的分饲，可以更好地对公鸡、母鸡实行分别限饲，从而获得生长发育均匀的鸡群，为鸡群的高生产性能打下基础；产蛋期公鸡、母鸡的分饲可以提高公鸡、母鸡的种用价值和种蛋的孵化率。

（2）公鸡、母鸡分饲的优越性

① 便于抽样称重。公鸡、母鸡无论是各周龄的体重标准和饲料消耗量，还是生长发育速度均不相同，到20周龄时，公鸡的体重约大于母鸡体重的30%。因此，实行分开饲养有利于抽样称重，分别控制体重。

② 便于限制饲养程序的实施。目前，许多种鸡养殖场根据新的限饲技术，已将母鸡的限饲开始时间提前到了4～6周龄，公鸡的限饲开始时间则多为9～12周龄。因此，公鸡、母鸡分饲有利于限制饲养程序的实施。

③ 便于观察和选种。分饲能随时识别和鉴别错误的公雏、母雏，得以及时淘汰"假公鸡"和"假母鸡"，确保良好的优势体系。

④ 有利于提高公鸡的种用价值。分饲能有效地控制种公鸡的体重，不使之过肥，从而保持良好的繁殖性能。

⑤ 降低饲料成本。公鸡、母鸡分饲后，公鸡可饲喂专用的日粮。种鸡进入产蛋期，母鸡饲料中的蛋白质含量高达16.5%，钙含量高达3.2%，用这种饲料饲养公鸡不但容易发生严重的痛风症，使公鸡无法配种，而且也造成了蛋白质饲料的巨大浪费。

饲养实践证明，公鸡专用日粮的粗蛋白质按13%（比母鸡饲料降低了3.5%），钙按1%供给，不但对公鸡的标准体重、采精量和精液品质均无不良影响；而且还大大地降低了饲料成本，每吨公鸡饲料可节约鱼粉55千克（或豆粕79千克）。

（3）公鸡、母鸡分饲的方法

① 育雏、育成阶段。公雏鸡、母雏鸡从1日龄开始便进行分栏或分舍饲养，但饲喂同样的雏鸡饲料和育成鸡饲料直至转舍时。

② 笼养种鸡产蛋阶段。饲养至18～20周龄，将公鸡、母鸡由育成鸡舍转入产蛋鸡舍时，应分别转入公鸡笼、母鸡笼内。公鸡开始喂公鸡专用饲料，母鸡开始喂产蛋鸡饲料。

③ 平养种鸡产蛋阶段。饲养至18～20周龄，由育成鸡舍转入产蛋鸡舍时，先将公鸡提前4～5天转入，使其熟悉公鸡料桶，并占有环境优势，然后再转入母鸡。

④ 公鸡专用饲料桶。公鸡专用饲料桶用于饲喂公鸡专用饲料。将饲料桶吊至距地面41～46厘米的高度，以防止母鸡采食。以后每周要按公鸡背部的高度随时调节料桶的高度，只要公鸡能立起脚且弯着脖子吃到饲料即可。

⑤ 母鸡专用饲料桶。母鸡专用饲料桶用于饲喂产蛋鸡料。母鸡料桶的料盘上设有防止公鸡采食的栅，栅格的宽度有不同的规格，可根据鸡的不同品种进行选择。但无论选用哪种规格，都必须以能够有效地限制公鸡采食母鸡饲料为宜。

育雏温度低引起的雏鸡死亡的案例

案例

一蚕场改为养鸡场，技术人员不了解雏鸡生长发育特点和育雏温度的重要性，甚至按传统的观念饲养，不重视育雏温度，坚持以25～28℃育雏，结果进雏鸡后1周内，雏鸡精神不好，体质虚弱，卵黄吸收不良，腹部硬、大且发绿，雏体干瘪，发生白痢，死亡率高达15%，后立即升高育雏温度到33～34℃，雏鸡精神不断好转，由弱变强，死亡停止。

辉县市一养鸡专业户，育雏2000只，煤炉加温育雏，温度计挂在2米高的墙上。育雏第1周雏鸡的死亡率达到20%，雏鸡精神不振，不愿采食，卵黄吸收不良，腹部硬、大且发绿，养鸡户怀疑是雏鸡质量差，因为温度计指示温度是35℃。后经人指导，将温度计下移到与鸡背相平，此时显示的温度只有29℃。

案例　　育雏温度低的原因主要有不重视育雏温度、育雏人员责任心不强、温度计悬挂不准确或位置不当、育雏舍简陋及加温设备不良等。育雏温度是育雏的关键，必须采取一切措施保证育雏温度适宜和稳定。

第二节　育成期的饲养管理

一、土鸡育成期的培育目标

育成鸡的培育目标是通过对雏鸡育成期精心的饲养管理，培育出个体质量和群体质量都优良的育成新母鸡。

1. 个体质量

健康鸡只应活蹦乱跳，反应灵敏，食欲旺盛，采食有力，体形良好，羽毛紧凑、光洁；鸡冠、脸、肉髯颜色鲜红，眼睛突出，鼻孔洁净，肛门羽毛清洁，粪便正常；鸡挣扎有力，胸骨平直，肌肉和脂肪配比良好等。

2. 群体质量

① 品种优质。雏鸡应来源于持有生产许可证厂家的优质土鸡品种。②体形发育好。体重发育符合标准，鸡群均匀整齐，大小一致。③抗体水平符合要求。鸡群抗体水平的高低反映鸡群对疾病的抵抗力和健康状况，优质育成鸡群的抗体检测结果应符合安全指标。

二、土鸡育成期的生理特点

1. 适应气候能力强

进入育成期后，第一身羽毛已丰满，体温调节能力健全，对外界适应能力强。

2. 消化能力增强，骨骼发育快

育成鸡消化能力增强，采食多，鸡体容易过肥；钙、磷的吸收能力不断提高，骨骼发育处于旺盛时期，此时肌肉生长最快。

提示

适当降低日粮的蛋白质水平，保持微量元素和维生素的供给，育成后期增加钙的补充。

3. 性器官发育迅速

小母鸡从 11 周龄起，卵巢滤泡逐渐积累营养物质，并渐渐增大；小公鸡 12 周龄后，睾丸及副性腺发育加快，精子细胞开始出现。18 周龄以后性器官的发育更为迅速。

> **提示**
>
> 土鸡对光照时间长短的反应非常敏感，应注意控制光照。

三、土鸡育成期的饲养方式

土鸡育成期可采用平养、笼养，也可采用放牧饲养。不同的饲养方式各有所长、各有所短，可根据自身的条件进行选择。

四、土鸡育成期的饲养技术

育成期土鸡的饲养重点是控制体重，防止过肥而影响产蛋。育成期的饲料营养浓度较育雏期和产蛋期都低，应适当加大麸皮、米糠的比例。平养鸡群可提供一定量的青绿饲料，占配合饲料用量的 25% 左右。育成鸡每天要减少喂料次数，平养时，上午一次性将全天的饲料量投放于料桶或料槽内；笼养时，分上午、下午 2 次投料；放牧饲养时，每天傍晚入舍前适当补饲精料。育成鸡每天喂料量的多少要根据鸡的体重及发育情况而定，每周称重 1 次（抽样比例为 10%），计算平均体重，与标准体重对比，确定下周的饲喂量。育成期要供给土鸡充足、洁净的饮水。

五、土鸡育成期的管理技术

1. 日常管理

（1）脱温 育雏结束，进入育成阶段时要脱温。一要注意脱温的时间，根据外界环境温度来确定脱温时间，如冬季育雏时脱温时间可能推迟到 8~9 周龄，甚至是 10 周龄。二要注意逐渐脱温。三要注意育成鸡的防寒，特别是在寒冷季节，脱温后一定要准备防寒设备，了解天气变化，做好防寒准备，避免突然的寒冷引起育成鸡的死亡。

（2）转群 育成阶段进行多次转群，如育雏舍转入育成舍，再转入种鸡舍，转群过程中尽量减少应激。

（3）饲养管理程序稳定 严格执行饲养管理操作规程，保证人员、饲养程序和管理程序稳定。

（4）卫生管理 每天清扫舍内的污物，保持舍内环境卫生；定时清粪；每周保证鸡舍消毒 2~3 次，周围环境消毒 1 次。

（5）环境控制　育成舍内的温度应保持在 15~25℃，相对湿度为 55%~60%，注意通风换气，排除舍内氨气、硫化氢、二氧化碳等有害气体，保证充足的新鲜空气。

（6）细致观察鸡群　每天都要仔细观察鸡群的精神状态、采食情况、粪便形态和其他异常，及时发现问题并采取措施解决。

2. 光照管理

光照通过对生殖激素的控制而影响到土鸡的性腺发育。育成期土鸡的生长重点应放在体重的增加和骨骼、内脏的均衡发育，这时如果生殖系统过早发育，会影响到其他组织系统的发育，出现提前开产、产后种蛋较小、全年产蛋量下降。育成期光照一般以自然光照为主，适当进行人工补充光照。每年 4 月 15 日至 8 月 25 日出壳的雏鸡，育成中后期正处于自然光照逐渐缩短的时期，基本符合光照原则，可以完全利用自然光照。而每年 8 月 26 日至次年 4 月 14 日出壳的雏鸡，育成中后期处于自然光照逐渐延长的情况，这时要结合人工补充光照（每天定时开、关灯），使每天光照时间保持恒定（13~14 小时），或者使光照时间逐渐缩短。

提示

育成期特别是育成中后期（7 周龄至开产）的光照时间不可以延长，光照强度不可以增加。

3. 体形和均匀度的控制

体形好、发育均匀整齐的鸡群，产蛋量大，种用价值高。定期称测体重和胫骨长度，计算平均体重和平均胫长，根据平均体重调整饲料饲喂量；同时要计算均匀度，了解鸡群发育的均匀情况，并进行必要调整，使育成的新母鸡群体均匀整齐。为了获得较高的均匀度，生产中要做好以下几方面工作：

（1）保持合理的饲养密度　育成期要及时调整土鸡的饲养密度，饲养密度大是造成个体间大小差异的主要原因。育成期的饲养密度见表6-6。

表6-6　育成期的饲养密度

周龄	垫料地面平养/(只/米²)	网上平养/(只/米²)	笼养/(厘米²/只)
7~12	8~10	10~11	320~370
13~18	7~8	8~9	430~480

舍内网上平养
的育成土鸡

舍内网上平养
的育成贵妃鸡

（2）保证均匀采食　饲料是土鸡生长发育的基础，只有保证土鸡均匀地采食到饲料，获得必需的营养，才能保证鸡群均匀整齐。在育成阶段一般都采用限制饲喂的方法，这就要求有足够的采食位置，而且投料时速度要快，这样才能使全群同时吃到饲料，平养时更应如此。

> **提示**
>
> 每只土鸡占有 8～10 厘米的槽位。

（3）减少应激　应激影响机体的发育、抵抗力和均匀度。保证环境安静和工作程序稳定，防止断料、断水，以及避免疾病发生等，以减少应激因素，避免应激发生。

（4）搞好分群管理　一要注意公鸡、母鸡分群。公鸡、母鸡的生长发育规律不同，采食量不同，生活力也不同。如果公鸡、母鸡混养，会影响母鸡的生长发育，不利于均匀度的控制。公鸡、母鸡分群应尽早进行，一般在育雏结束后利用转群将公鸡、母鸡分开。如果在出壳时经翻肛鉴别，即将育雏期的公鸡、母鸡分开饲养，效果更好。二要注意大小、强弱分群。根据大小、强弱等差异分开饲养，避免大的过大，小的过小，强的过强，弱的过弱。

> **提示**
>
> 将大群鸡分成相同类型的小群，在饲喂中采取不同的方法，以使全部鸡都能均匀生长。

4. 补充断喙

7～12 周龄对第 1 次断喙效果不佳的个体进行补充断喙。操作时要注意断喙长度合适，避免引起出血。

5. 疾病预防

要做好育成鸡舍的卫生和消毒工作，如及时清粪、清洗并消毒料槽（盘）和饮水器、带鸡消毒等。还要注意环境安静，避免惊群。同时要做好疫苗接种和驱虫工作。育成期防疫的传染病主要有新城疫、鸡痘、传染性支气管炎等（具体时间和方法见疾病防治部分）。驱虫是驱除体内线虫、绦虫等，要定期进行，最后在转入产蛋鸡舍前还要驱虫1次。驱虫药有左旋咪唑、丙硫苯咪唑等。

6. 育成期土鸡的选择与淘汰

种用土鸡的选种与淘汰是一项非常重要的工作，只有进行合理地选择和淘汰，才能提高整个种鸡群的种用价值，提高合格种蛋的数量，提高商品土鸡的质量和档次，降低饲料成本，从而提高饲养效益。

在整个育成期各个阶段，结合日常饲养管理，把畸形、发育不良的个体从鸡群中挑出淘汰；同时还要定期选择。第1次在6~7周龄由育雏舍转到育成鸡舍时进行，重点是对畸形（包括喙部交叉、单眼、跛脚、体形不正等）、发育不良（羽毛生长不良，眼、冠、皮肤苍白，特别消瘦等）和病鸡进行淘汰。第2次选择在12~13周龄时进行，主要是对公鸡的淘汰。由于公鸡留种数量小，要加大选择度，选择发育良好、冠大鲜红、体重大的个体。这时公鸡体重与商品土鸡体重关系较大，体重是选择重点。第3次选择在18周龄由育成鸡舍转入产蛋鸡舍前进行，主要是对母鸡的选择，观察母鸡的全身发育状况，要逐只进行，淘汰发育不良的个体。

六、开产前的准备工作

土鸡生长到25周龄左右时将要陆续开始产蛋，应提前做好产蛋前的各项准备工作。

1. 整顿鸡群

对于均匀度较低的鸡群，在转群前20天左右应将羽毛松散无光、鸡冠小而苍白、喙角和腿部光泽浅淡、体重明显较小的种鸡全部挑出另外饲养。具体措施是降低饲养密度，供给充足的饮水，并适当增加喂料量，使其体重尽快达到标准体重，适时开产。

2. 转群

土鸡普遍采用三段制饲养方式，在一生中要进行2次转群。第1次转群在6~7周龄时进行，由育雏舍转入育成舍；第2次转群在18~19周龄时进行，由育成鸡舍转入产蛋鸡舍。

（1）**转群前鸡舍的准备**　转群前应对鸡舍进行彻底的清扫和消毒，准备转群所需的笼具、设备等。做好人员的安排，使转群在短时间内顺利完成。另外，还要准备转群所需的抓鸡、装鸡、运鸡用具，并经严格消毒处理。

种鸡平养时，转群前（即 19～20 周龄时）应先在种鸡舍内安装好产蛋箱。产蛋箱以木板或塑料板做成，一般长 35 厘米、宽 25 厘米、高 35 厘米，箱内铺上垫草，可供 4 只母鸡轮换产蛋。根据鸡只的多少，产蛋箱可安装成单层，也可安装为双层。母鸡喜欢在光线较暗处下蛋，因此产蛋箱最好放置于靠墙边光照较弱的地方。采用地面平养时，产蛋箱应高出地面 50 厘米；网上平养时，产蛋箱置于网上面。母鸡有认巢的习惯，第 1 个蛋产在什么地方，以后就一直在这个地方产蛋，要人为地去改变它的这种习惯往往不太容易。

提示

产蛋箱的设置一定要在开产前完成。

（2）**转群时间安排**　为了减少对鸡群的惊扰，转群应在光线较暗的时候进行。天亮前，天空具有微光，这时转群，鸡较安静，并且便于操作。夜里转群，舍内应有小功率灯泡照明，抓鸡时能看清部位。

3. 上笼

采用笼养种鸡的土鸡场，育成期结束后要将育成鸡由育成鸡舍转入产蛋鸡舍的产蛋鸡笼内饲养。上笼后往往由于环境条件的突然改变，引起鸡群的恐惧不安，造成应激反应。鸡只表现出精神紧张、兴奋不安、鸣叫不止、食欲减退等，特别是上笼过晚，发生这种现象的程度也就越严重。因此，上笼时间应在开产前 3～4 周完成。上笼工作一般应安排在夜间较好，这样可有效地避免鸡群的骚动。笼养育成鸡转入产蛋鸡舍时，应注意来自同层的鸡最好转入相同的层次，避免应激。鸡只上笼后，应立即让每只鸡都能喝上水、吃上料，使不安的情绪很快稳定下来。母鸡上笼后应统计鸡数，此时的鸡只数即为入舍（上笼）母鸡数，这是今后计算产蛋率、饲料报酬及存活率的基础。

转群及上笼时必须注意：一是抓鸡时应抓鸡的双腿，不要只抓单腿或鸡脖；每次抓鸡不宜过多，每只手 1～2 只；从笼中抓出或放入笼中时，动作要轻，最好两人配合，防止刮伤鸡皮肤；装笼运输时，不能过分拥挤，以减少鸡只伤残。二是将发育迟缓的鸡放置在环境条件较好的位置（如上层笼），加强饲养管理，促进其发育。三是将部分发育不良、畸形个体淘汰，降低饲养成本。四是转群及上笼前在料槽中加入饲料，饮水器中注入水，并在前后两天的饲料或饮水中加入镇静剂（如地西泮、氯丙嗪），可使鸡群安静。

七、记录和分析

记录的内容与育雏期相同，根据记录情况每天填写育雏育成鸡周报表（表6-7）。每周根据周报表对育成鸡的体重、胫长和采食情况进行分析，找出问题，制定下一步改进措施。育成结束后计算育成期成活率和育成成本。

表6-7 育雏育成鸡周报表

周龄_____ 批次_____ 品种_____ 数量_____ 舍号_____ 饲养员_____

日期	日龄	鸡数/只	死亡淘汰数/只	喂料量/克	温度/℃	湿度（%）	通风	光照	其他

标准体重_____ 平均体重_____ 体重均匀度_____

标准胫长_____ 平均胫长_____ 胫长均匀度_____

育成鸡脱温过早导致拥挤叠堆而死亡的案例

案例 　一土鸡场，某年12月底入舍5000只雏鸡，育雏到50天，转入育成舍内地面饲养。突然晚上出现大风寒流，将大窗户上的彩条布刮开，舍内温度大幅下降，鸡群拥挤叠堆，第二天早上，死亡250多只鸡，多是拥挤叠堆而窒息死亡。育成鸡对温度有一定的适应力，但寒冷时会拥挤叠堆，导致下面的鸡缺氧而死。如果有值班人员且及时发现，将窗户关好，并将叠堆的鸡群轰开，鸡不至于冻死或叠堆而死亡。

育成新母鸡质量差影响产蛋期产蛋的案例

案例

一土鸡场，饲养3000套岭南黄鸡，生产种蛋，高峰期产蛋率只有75%，与标准（83%）相差8%。鸡群的采食情况、精神状态等没有异常，环境条件也没有问题。后对鸡群进行了细致检查，称测体重发现鸡群体重大小不一，极不均匀。后了解在雏鸡育成阶段，饲养密度过大，活动及采食空间不足，饲养过程中球虫病发生严重，导致鸡群大小、强弱分化明显，也没有进行分群管理。最后确定育成新母鸡质量差是引起高峰产蛋率上不去的原因。

生产中存在育成鸡适应力、抵抗力强、好饲养、可以粗放饲养的误区，许多土鸡场不注重育成期的管理，导致育成期土鸡体重不达标、均匀度差、体质弱等，影响以后的产蛋性能和种用价值。

第三节 产蛋期的饲养管理

一、种鸡的产蛋规律

在规模化生产条件下，配合饲料和人工光照的应用，土鸡一般在20~21周龄即可达到5%的产蛋率，到26周龄时，产蛋率可达到50%。这一时期的产蛋规律性不强，各种畸形蛋比例较大，蛋重较小，受精率和孵化率偏低，一般不适合进行孵化。

【小知识】>>>>

> 刚开始产蛋，由于产蛋模式没有形成，会出现一些不正常的情况：一是产蛋间隔时间长，如某只鸡产蛋后几天不见产蛋；二是一天产2个蛋，一个正常蛋，一个异状蛋；三是产双黄蛋的比例高；四是软壳蛋多。

从26周龄开始，产蛋率稳步上升，在31~32周龄时达到最高产蛋率85%左右，维持80%以上的产蛋率达2~3个月后，产蛋率缓慢下降，在55周龄时，下降到60%左右。这一时期种蛋大小适中，受精率和孵化率较高，孵化出的雏鸡容易成活。

55周龄以后，随着产蛋率的下降，蛋重逐渐增大，到68周龄时，产蛋率下降到45%~50%，一个产蛋年结束。这时种鸡可以淘汰或再被利用1年。一般土鸡第2个产蛋年的产蛋率为第1年的80%左右。

二、种鸡产蛋期的饲养方式

1. 地面平养

地面平养采用开放式鸡舍结构，分舍内垫料地面和舍外运动场2个部分。其中，运动场面积是舍内面积的1~1.5倍。公鸡与母鸡混群饲养，自然交配，公鸡与母鸡的配比为1:（10~15），饲养密度为5只/米^2。运动场设沙浴池，放置食槽（料桶）、饮水器，四周设围网。舍内四周按每5只鸡设1个产蛋箱，要设置栖架，供土鸡夜间休息，避免其在地面上过夜而受到老鼠的侵袭，另外也要放置食槽（料桶）和饮水器。地面平养方式符合土鸡的生活习性，可适当补充青绿饲料，种蛋受精率可达90%以上，省去人工授精的麻烦。

2. 立体笼养

将公鸡、母鸡均置于笼中饲养，采用人工授精方法进行繁殖。立体笼养的笼具采用蛋鸡笼即可，母鸡采用三层阶梯式鸡笼，公鸡采用两层笼。立体笼养的优点是饲养密度大，便于观察鸡群的健康状况和产蛋情况，能及时淘汰病鸡和低产鸡，适合大规模养鸡场和饲养户采用。另外，立体笼养时，种蛋收集方便，不易破损和受到粪便、垫料的污染。

> **提示**
>
> 立体笼养要注意饲料的全价性，特别是维生素和矿物质的供给。

三、种鸡产蛋期的饲养技术

1. 饲料更换

不同阶段饲喂不同的饲料，既可以降低饲料成本，又能满足土鸡的营养需要。

（1）开产前换料　转入产蛋鸡舍后，当产蛋率达到5%时，要及时更换产蛋初期饲料，提高饲料中营养物质的含量（粗蛋白质含量要求为16.5%），将饲料中钙含量提高到3.0%~3.5%。这样既可以满足土鸡产蛋的需求，同时又满足其体重增加的营养需要。

> **提示**
>
> 种公鸡采食专用的饲料，应与母鸡分饲。平养时公鸡料桶吊起，不能让母鸡采食到；母鸡料盘加防公鸡采食的栅条。

（2）高峰期换料 当产蛋率上升到50%以后，要更换产蛋高峰期饲料，粗蛋白质含量达到18.5%。为了提高种蛋的受精率和孵化率，应选择优质的饲料原料，如鱼粉、豆粕，减少菜籽粕、棉籽粕等杂粕的用量，增加多种维生素的添加量。

（3）产蛋后期换料 随着土鸡日龄的增加，鸡群中换羽停产的鸡逐渐增多，产蛋率明显下降。一般到55周龄时土鸡的产蛋率下降到60%，进入产蛋后期。这时摄入的营养一部分会转变为体脂，为了避免饲料浪费，要更换产蛋后期饲料，粗蛋白质含量下降到16.5%，钙的含量升高到3.7%，有利于维持蛋壳品质。

2. 合理饲喂

种鸡可饲喂粉状料，每天2~4次，饲槽数量充足，添加饲料要均匀，每天要净槽。笼养鸡在喂料1~2小时后还要匀料，保证鸡吃饱而不浪费饲料。为了既不浪费饲料，又能确保种鸡的适宜体重和高产，可以采用探索性增料和减料技术。

（1）探索性增料 当开产种鸡的产蛋率不能达到预期的上升幅度，或者几天内产蛋率一直停留在一个水平上，而饲料桶（或料槽内）又没有饲料，鸡群表现出饥饿状态时，可试用本办法。按每100只鸡的日喂料量额外增加500克，从而"刺激"鸡群以增加产蛋率。连续实行4~5天，如果产蛋率有渐升趋势，则再增加400克。这样"刺激"几次，可以促进鸡群产蛋率达到顶峰。如果"刺激"两次后，产蛋率没有再上升的趋势，则应按每100只鸡的日喂料量减200克，逐渐退回到原来的喂料量，以免鸡群营养过剩而导致体重过大。体重过大、过肥的鸡往往产蛋率不高，受精率较低。

（2）探索性减料 当种鸡已过产蛋高峰期2~3周，产蛋率下降5%~10%时，可试用该措施。按每100只鸡日喂料量减少300克，观察一周，若产蛋率下降2%~3%，则可再减料300克，观察一周，若没有出现特异情况，则可继续下去。这样既不影响产蛋，又可减少饲料消耗。有时，还可取得减料促产蛋的刺激作用，遇有这种好的先兆时，减料要暂时停止；与此同时，也可再次使用"增料刺激法"来反复刺激鸡群多产蛋。如果减少饲料后，产蛋量下降不正常，就应立即停止，并恢复到原来的给料量。

3. 饮水

水既是各种营养物质和代谢废物的溶剂，也是其运输的载体，又参与体温的调节。产蛋期必须每天 24 小时供给充足的清洁饮水。

但对于地面平养的鸡群，为了控制垫料湿度，降低氨气的形成量，减少种鸡脚部、腿部疾病，改善饲养环境，获得更为清洁的种蛋，可采取限制饮水措施。限制饮水宜在下午和晚上进行，一般是下午至关灯前供水 3 次，每次 30 分钟，最后一次应安排在关灯前。

> **提示**
>
> 夏天（舍温在 32℃ 以上）不能断水，供水的水温越低越好，可以饮用刚取的深井水，甚至加冰的水。

四、种鸡产蛋期的管理技术

1. 光照控制

对种用土鸡一般从 19 周龄开始增加光照刺激，通过增加人工光照时间的方法来刺激鸡群迅速开产，而且开产比较整齐一致，产蛋率上升较快。在 19 周龄体重达到标准时，每周增加光照时间 30 分钟，一直增加到每天光照 16 小时，并维持至淘汰。转群时如果鸡群的体重偏轻、发育较差，要推迟增加光照刺激的时间，加强饲喂，让鸡自由采食。体重达到标准后，再增加光照刺激。产蛋后期，可以将光照增加到 16.5 小时，最大限度地刺激产蛋。

每天可以 5：00 开灯，到日出后关灯，天快暗下来的时候开灯，到 21：00 关灯，使每天的自然光照加人工光照时间合计为 16 小时。产蛋期光照强度为 10~15 勒克斯。

> **提示**
>
> 人工光照以后，每天开灯和关灯的时间要固定下来，尽量使光照时间和强度保持稳定，否则，会使母鸡产蛋量下降。

2. 监测体重

种鸡开产后体重的变化要符合要求，否则全期的产蛋会受到影响。在产蛋率达到 5% 以后，至少每 2 周称重 1 次，体重过重或过轻都要设法弥补。产蛋后期应注意防止鸡体过肥。

3. 保持适宜环境

种鸡最适宜的产蛋温度为 13 ~ 18.3℃，低于 9℃ 或高于 29℃ 都会引起产蛋率的明显下降，而且种公鸡的精液品质也会受到影响，致使受精率和孵化率下降。鸡舍的相对湿度控制在 65% 左右，主要是防止舍内潮湿。

种鸡的饲养密度不能过大，要低于商品蛋鸡的饲养密度，单笼饲养 2 ~ 3 只。种公鸡每笼饲养 1 只，有一定的活动空间；注意适量通风，经常清理粪便和污物，保持空气新鲜，防止有害气体超标。

4. 种蛋的采集

（1）种蛋的采集时间　一般当产蛋率达到 50% 时（或在 26 周龄时），种蛋就可进行孵化利用。地面平养时，刚开产的母鸡要训练其在产蛋箱产蛋，每 4 ~ 5 只母鸡要配备 1 个产蛋箱，减少窝外蛋的比例。产蛋箱中要定期添加柔软的垫料，减少种蛋的破损。每天下午最后一次收集完种蛋，要关闭产蛋箱，防止母鸡在产蛋箱中过夜。母鸡在产蛋箱中过夜，一方面会造成垫料的污染（排便），另外长久下去会引发母鸡就巢，影响产蛋率；笼养时，要提前训练公鸡，做好人工授精的准备工作，在 25 周龄开始人工授精，人工授精 2 次后可收集种蛋进行孵化。

（2）种蛋的采集次数　每天要拣蛋 3 ~ 4 次，收集的种蛋及时消毒（可在种鸡舍内设置 1 个消毒柜，每次收集后将种蛋放在消毒柜内，每立方米用 15 毫升 40% 甲醛，7.5 克高锰酸钾，密闭熏蒸 15 分钟）。

5. 保证蛋壳质量

蛋壳质量的好坏，直接影响着鸡群提供合格种蛋的多少。因此，要经常注意蛋壳的质量，发现问题应及时查根究源给以解决。一般产蛋初期蛋壳质量较好，产蛋后期蛋壳变薄，质量变差。这主要是产蛋后期，母鸡对钙的消化、吸收能力变差所致。此外，春季的蛋壳质量较好，炎热的夏季蛋壳质量较差。

> **提示**
>
> 50 周龄之后或夏季，饲料中钙的含量应以提高 0.2% 为宜。

钙含量高的饲料，适口性较差，特别是在夏季更易影响鸡的采食量。在一天中，母鸡采食和利用钙质的时间不是均衡的，主要集中在下午。因此，除在饲料中配给适量的钙质外，平养鸡群可在鸡舍或运动场上设置补钙盆，将碎而细的石灰石粒或贝壳粒放入钙盆内，让母鸡自由采食；

笼养种鸡则应每4~5小时喂给贝壳粒1次。每只母鸡按5.0克计算，于下午采食结束后，料槽内无料时加入，让母鸡自由采食，母鸡可自己调节钙的进食量。

维生素 D_3 具有促进肠道吸收钙的作用，缺乏维生素 D_3 可造成与缺钙同样的后果，使鸡产薄壳蛋。因此，对产蛋母鸡要注意补充维生素 D_3，以保证母鸡对维生素 D_3 的正常需要。

注意

生产中，通过个体产蛋记录发现鸡群中大约有1%的母鸡，因遗传因素或输卵管炎等原因，常常连续产下薄壳蛋，很少产下合格种蛋，这样的母鸡应及时挑出淘汰。

6. 适当淘汰

为了提高饲养土鸡的效益，进入产蛋期以后，根据生产情况适当淘汰低产鸡是一项很有意义的工作。产蛋率为50%时，进行第1次淘汰；进入高峰期后一个月进行第2次淘汰；产蛋后期每周淘汰1次。淘汰土鸡的方法主要是根据外貌特征，鉴别高产鸡与低产鸡。

提示

笼养方式的低产鸡被淘汰后，剩余的鸡不要并笼饲养，以免发生啄斗。

高产鸡的表现：反应灵敏，两眼有神，鸡冠红润；羽毛丰满、紧凑，换羽晚；腹部柔软有弹性、容积大；肛门松弛、湿润、易翻开；耻骨间距3指以上，胸骨末端与耻骨间距4指以上。低产鸡的表现：反应迟钝，两眼无神，鸡冠萎缩、苍白；羽毛松弛，换羽早；腹部弹性小、容积小；肛门收缩紧、干燥、不易翻开；耻骨间距2~3指以下，胸骨末端与耻骨间距3指以下。另外对于有病的个体也要及时挑出。

7. 减少应激

进入产蛋高峰期的土鸡，一旦受到外界的不良刺激（如异常的响动、饲养人员的更换、饲料的突然改变、断水断料、停电、疫苗接种），就会出现惊群，发生应激反应，导致采食量下降，产蛋率、受精率、孵化率同时下降。在日常管理中，工作程序要固定，各种操作动作要轻，产蛋高峰期要尽量减少人员进出鸡舍的次数。

第六章

提示

开产前做好疫苗接种和驱虫工作，高峰期不能进行这些工作。

8. 加强观察

经常观察鸡群，掌握鸡群的健康及产蛋情况，发现问题，及时采取措施。

（1）观察精神状态　在清晨鸡舍开灯后，观察鸡的精神状态，若发现精神不振、闭目困倦、两翅下垂、羽毛蓬乱、行为怪异、冠色苍白的鸡，多为病鸡，应及时挑出进行严格隔离，如果有死鸡，应送给有关技术人员剖检，以便及时发现和控制病情。

（2）观察鸡群采食和粪便　鸡体健康，产蛋正常的成年鸡群，每天的采食量和粪便颜色比较恒定，如果发现剩料过多、鸡群的采食量不够、粪便异常等情况，应及时报告技术人员，查出问题发生的原因，并采取相应措施解决。

（3）观察呼吸道状态　夜间熄灯后，要细心倾听鸡群的呼吸，观察有无异常。例如，有打呼噜、咳嗽、喷嚏及尖叫声，多为呼吸道疾病或其他传染病，应及时挑出隔离观察，防止扩大传染。

（4）观察鸡舍温度的变化　在早春及晚秋，气温变化较快，变化幅度大，昼夜温差大，对鸡群的产蛋影响也较大，因而应经常收听天气预报，并观察舍温变化，防止鸡群受到低温寒流或高温热浪的侵袭。

（5）观察有无啄癖鸡　产蛋鸡的啄癖现象比较多，而且常见，主要有啄肛、啄羽、啄蛋、啄趾等，要经常观察鸡群，发现啄癖鸡，尤其是啄肛鸡，应及时挑出，分析发生啄癖的原因，及时采取防治措施。

（6）观察鸡的产蛋情况　加强对鸡群产蛋数量、蛋壳质量、蛋的形状及内部质量等方面的观察，可以掌握鸡群的健康状态和生产情况。鸡群的健康和饲养管理出现问题，都会在产蛋方面有所表现。例如，营养和饮水供给不足、环境条件骤然变化、发生疾病等都能引起产蛋率下降和蛋的质量下降。

9. 加强卫生管理

种鸡进入产蛋期后，为保证鸡群的健康和稳产高产，应坚持搞好带鸡消毒，以降低舍内致病性病毒、细菌的浓度，给鸡群创造一个安全、适宜的生存和生产环境。在一般情况下，带鸡消毒可每周进行1次。

注意

当本地区有疫情发生时，"带鸡消毒"应缩短为每3天进行1次，以保证本场的安全；注意隔离和卫生。

10. 抱窝鸡的治疗

土鸡具有较强的抱性，这种特性在春末、夏初的温暖季节表现得更为突出。有些品种，抱窝鸡多时可达3%左右。抱窝鸡的出现，常导致鸡群产蛋率下降，给养鸡场造成不应有的经济损失。因此，在产蛋期管理上应经常挑出不产蛋的抱窝鸡，进行单独饲养，通过醒抱处理，促使重新产蛋。使抱窝鸡醒抱可采用以下方法：

（1）药物醒抱　可采用喂服5-羟色胺受体阻断剂——CHPCL醒抱。应用CHPCL（常州制药厂生产）每只抱窝鸡每天喂服25毫克，连服6~7天即可终止抱窝，9天左右即可重新产蛋。或者给抱窝鸡喂服阿司匹林（ABC）药片，每天2次，每次每只0.25克，连服2天，即可很快使母鸡醒抱，重新产蛋。

（2）单独饲养醒抱　发现抱窝母鸡，应将其挑出另行饲养，适当增加日喂料量，并补加复合维生素，以恢复种鸡产蛋体况，恢复后应立即把鸡放回原鸡群。此种方法省事、省钱，但效果较差，并且费时。

11. 做好记录工作

要管理好土鸡群，就必须做好鸡群的生产记录，因为生产记录反映了鸡群的实际生产动态和日常活动的各种情况，通过查看记录，可及时了解生产，正确地指导生产。为了便于记录和总结，可以使用周报表形式将生产情况直接填入表内（表6-8）。

表6-8　土鸡群生产情况周报表

周龄_____　品种_____　入舍数_____　舍号_____　饲养员_____

日期	日龄	存栏数/只	死亡淘汰数/只	产蛋数/枚	合格种蛋数/枚	产蛋率（%）	耗料/克	其他

本周产蛋总数_____　　入舍产蛋率_____　　饲养日产蛋率_____

本周总蛋重_____　　平均蛋重_____　　只鸡产蛋重_____

本周：总耗料_____　　只鸡耗料_____　　料蛋比_____

五、种鸡的四季管理技术

生产中要根据各个季节的特点，合理安排饲喂，加强饲养管理。

1. 春季

随着气温的升高、光照时间的逐渐延长、外界食物来源的增加，土鸡的新陈代谢旺盛。春季是土鸡产蛋的旺季，是理想的繁殖季节。在繁殖前，做好疫苗接种和驱虫工作，保证优质饲料的供应，满足青绿饲料的需求，提高合格种蛋的数量。淘汰抱性强的种鸡，一般要先采取一些简单的醒抱措施，如把鸡置于笼中或增加光照和营养。做好种蛋的收集和记录工作。

2. 夏季

气候炎热，种鸡食欲下降。在运动场设置凉棚，鸡舍四周植树，喷水降温。增加精料的喂量，满足产蛋需求，利用早晚气温较低的时段，增加饲喂量。每天早上天一亮就放鸡，傍晚延长采食时间，保证清洁饮水和优质青绿饲料的供应。消灭蚊虫、苍蝇，减少传染病的发生。

> **提示**
>
> 管理重点是防暑降温，维持种鸡的食欲和产蛋率。

3. 秋季

秋季是老鸡停产换羽、新鸡开产的季节，管理的好坏对以后的产蛋性能影响较大。对于老鸡来说，要使其快速度过换羽期，早日进入下一个产蛋期，应该迅速减少光照和营养，进行强制换羽，然后再逐渐延长光照，增加营养，促使产蛋。对于当年新母鸡，秋季开始产蛋，根据外貌和生产性能进行选留。秋季气候多变，一些地区多雨、潮湿、寒冷，鸡群易发生传染病，要注意舍内垫料的卫生和干燥。

4. 冬季

冬季气候寒冷，青绿饲料短缺，日照时间较短，散养种鸡的产蛋量会降低。进入冬季要封闭迎风面的窗户，在背风面设置门窗。晚上种鸡入舍后关闭门窗，加上棉窗帘和门帘。在气候寒冷的东北、西北和华北北部地区，舍内要有加温设施，一般用火墙、火道。炉灶应设在舍外，可有效防止一氧化碳中毒。早上打开鸡舍时，要先开窗户后开门，让鸡有一个适应寒冷的过程，然后在运动场喂食。冬季青绿饲料缺乏，可以储存胡萝卜、大白菜等来满足种鸡的需求。冬季喂热食和饮温水有利于提高产蛋率。

提示

管理重点是防寒保暖、保证光照和营养，尽量提高产蛋率。

六、种公鸡的饲养管理技术

种公鸡饲养的好坏将直接关系到种蛋的受精率。种蛋受精率的高低又与种鸡的经济效益紧密相连。因此，种鸡养殖场对种公鸡的饲养管理应给予极大重视。

1. 种公鸡的选择

种公鸡的体质是否健壮，决定着公鸡的配种能力和受精率，应加强对种公鸡地选择。第1次选择，一般安排在育雏期结束时的8～9周龄。选取健康无病、活力充沛、腿、脚、趾挺直、背宽、胸阔，并且符合品种体征要求的公鸡留作种用，余下的则淘汰。第2次选择常与转群同时进行，选择标准同第1次，但应注意淘汰鉴别错误的鸡只和外貌体征不合品种要求的公鸡。

采用自然交配的鸡群，对育雏期断喙不够精确的种公鸡应进行修喙，以保证其配种时啄鸡的能力。混群时应将种公鸡提前几天放入产蛋鸡舍，使种公鸡适应，并占有环境优势，有利于以后的配种。

2. 公鸡、母鸡的比例

适宜的公鸡、母鸡的比例是保证种蛋高受精率的基础，并且因饲养方式的不同而不同。平养自然交配的鸡群，育雏阶段以1:6、育成阶段以1:8为宜，这样可为以后的选择和淘汰提供充分的余地。实践证明，混群时采用1:10的比例，不但可减少种公鸡间的争斗，也可满足配种需要。采用笼养方式，实行人工授精的鸡群，育雏、育成阶段以1:20为宜，上笼时则按1:（30～50）的比例为妥。这样不但可以节约大量的饲料，同时也可满足精液采取量的需要。

3. 种公鸡的饲养管理

种公鸡在育雏、育成阶段与母鸡分栏饲养，喂同样的育雏、育成饲料。转群后，采取平面饲养方式的鸡群可采用同栏饲养，分槽饲喂；笼养鸡群则采用单笼饲养、单独饲喂。但不管何种饲养方式，均应该饲喂种公鸡专用料。为了保证鸡群中公鸡、母鸡的比例适宜，若有种公鸡淘汰，则应随时补入新的种公鸡。

注意

　　补入种公鸡时，宜在天黑前1小时放入。

　　种公鸡的体重控制是提高种用价值的保证。种公鸡体重过大，脚趾容易变形或发生脚趾瘤而影响配种。种公鸡体重过小，则不能适时达到性成熟，性成熟后所产生的精液不但数量少，并且质量差，种用价值不高。因此，应严格控制种公鸡的体重。种公鸡在育雏、育成阶段应采取与母鸡相同的饲养管理方法，并坚持抽样称重，以保证其具有较高的均匀度。在产蛋期，除严格按照日喂料量饲喂种公鸡外，平养鸡群尚应注意防止种公鸡偷吃母鸡饲料造成过肥，失去种用价值。为有效控制种公鸡的体重，产蛋期应每4周抽样称重1次，并根据体重情况适时调整种公鸡的日喂料量，使实际体重一直保持在标准体重的水平上。如果，每次抽样称重的结果都是种公鸡的体重比母鸡大30%左右，也能表明种公鸡的体重没有过大、过肥，而属于正常状态。

提示

　　对种公鸡要进行严格的选择，保证公鸡、母鸡的比例适当，控制种公鸡的体重以提高其种用价值。

 商品土鸡的饲养管理

商品土鸡的上市日龄取决于土鸡的生长速度和市场价格两大因素。3月龄前的土鸡体重较小，可食用的部分少，而且肉的特有香味不明显，因此不适宜销售。3个月以后土鸡体重达到0.8千克以上，鸡体内积累了一定量的营养物质，可食用部分增加，而且香味比较浓，羽毛丰满，在市场价格合适时就可出售。当土鸡生长到135日龄以后，其生长速度明显降低，单位体重的生产成本增加，而且肉变得粗硬，食用品质下降。因此，在90～135日龄期间选择市场价格高的时期进行销售是比较合理的。要根据市场需求合理安排进雏时间，进行科学饲养，使土鸡能够按时出栏。

第一节 商品土鸡的饲养管理原则

一、公、母分群饲养

公、母鸡分群饲养是指在土鸡生产全过程中，将公、母鸡进行分栏或分舍饲养，饲喂不同的雏鸡饲料和育肥鸡饲料直至上市。

众所周知，公鸡的食量大、生长速度快，母鸡的食量小、生长速度慢。无论是各周龄的体重标准和饲料消耗量，还是生长发育速度均不相同，到6周龄时，公鸡的体重约为母鸡体重的1.2倍。公鸡一般90日龄即可达到上市体重，母鸡则需要养至120日龄才能达到上市体重。因此，分群饲养有利于充分发挥公、母鸡的生产性能，降低饲料消耗，有效保证鸡群的均匀度。但目前，我国许多土鸡场没有实行公、母分群饲养，其原因：一是鉴别雌雄较为困难；二是市场没有特殊要求。

二、自由采食

为了充分发挥土鸡的生长潜能，缩短饲养周期，按时达到上市体重，

可让土鸡仔鸡全程采取自由采食——采用全价粉碎料、不限量、自由采食的饲喂方式。0~2周龄每天喂6次，其中5：00和22：00必须各喂1次；3~4周龄每天喂4次，5周以后每天喂3次。

注意

每天喂料量的掌握是以当天能基本吃完、不存底为宜。

三、全进全出

全进全出是指同一栋鸡舍，在同一时间内只饲养同一日龄的鸡，又在同一天出场的饲养制度。这一饲养制度的优点很多，在饲养期内管理方便，容易调控舍内温度、湿度和光照，便于机械化作业。出场后便于彻底打扫、清洗、消毒，切断病原体的循环感染。熏蒸消毒后，空置1~2周，然后开始下一批鸡的饲养。这样可保持鸡舍的卫生与鸡群的健康。

全进全出的饲养制度比在同一鸡舍里饲养不同日龄批次鸡的连续饲养制度增重快、耗料少，发病率低，死亡淘汰率低。土鸡肉仔鸡生产者可根据鸡舍、设备、雏鸡来源和市场情况，来制定全年养鸡生产计划、确定饲养规模、休整时间和消毒日程等。

第二节　商品土鸡的饲养方式

饲养方式对土鸡肉的品质有比较大的影响，作为生产优质禽肉的土鸡应该考虑采用合适的饲养方式，以获得良好的鸡肉品质。

一、圈养

1. 庭院圈养

在庭院内用尼龙网围一片空地，将土鸡养在其中。饲料以配合饲料为主，补饲青绿饲料。这种形式的规模小，通常为200~500只，但是管理方便，土鸡生长速度较快。

2. 集中圈养

使用专门的鸡舍，在鸡舍的一侧墙外围起一个运动场。晚上和风雨天气，鸡群在鸡舍内生活，天气良好的白天，鸡群可以自由选择在鸡舍或运动场中活动、采食。这种饲养方式的饲养量比较大，通常为500~2000只，适合专业户进行专业土鸡生产，效益可观。

3. 发酵床圈养

发酵床圈养就是用锯末、秸秆、稻壳、米糠、树叶等农林业生产下脚料配以专门的微生态制剂来垫圈养鸡，鸡在垫料上生活，垫料里的特殊有益微生物能够迅速降解鸡的粪尿排泄物。这样，不需要清理鸡舍，从而没有任何废弃物排放，垫料清出圈舍还是优质有机肥。

4. 地面平养

这种饲养方式可以充分利用闲房和旧房，在舍内地面上铺上垫料，从雏鸡开始直到育肥结束，土鸡均饲养在垫料上，垫料以锯木屑（锯末）和花生壳为最好；铡短的稻草、麦秸和干沙也可使用。垫料可以定期更换，也可以不更换一直添加，到出栏时再清理。这种方式简单易行，投资少，管理方便，效益大，是土鸡生产最常采用的饲养方式。

5. 网上平养

网上平养是将舍内饲养区全部铺上距地面高 60 厘米的竹、木栅条，栅条上再铺上塑料网，将鸡放在网上进行饲养。如此鸡粪直接落于地面，减少与鸡接触，有利于保持舍内卫生，减少鸡患球虫病的机会，同时可有效提高饲养密度。网上养鸡，其温度比地面温度高，可防止鸡相互拥挤、扎堆，造成损失；气温高时，可适当打开窗户加强通风，以降低舍内温度。网上平养时，饮水器和料桶的数量要充足，放置应均匀。

育雏舍棚架上
铺设塑料网

舍内网上
平养贵妃鸡

中间留走道的
网上平养鸡舍

二、舍内笼养

使用育雏、育成鸡笼，把土鸡饲养在笼内，主要喂饲配合饲料。这种饲养方式下鸡生长得比较快，但是饲料成本比较高，鸡肉的品质也没有散放饲养时好。此方式常在蛋鸡生产中，利用空闲的育雏、育成鸡舍进行，以增加效益，但要注意做好房舍的消毒。

土鸡笼养

三、放牧饲养

将土鸡放养在果园、林地、空闲地、滩涂等地方。一般在果园、林地等旁边搭建若干个棚舍供鸡群在夜间和雨天栖息。白天鸡群在果园或林地中自由采食青草、昆虫、草籽等野生饲料，傍晚适当补饲精料。或每年的 4 ~ 6 月气温比较高、降雨量比较少的季节，在河滩的荒地用塑料编织布搭建一个简陋的棚子，在周围用尼龙网围一片荒草地，把 3 ~ 4 周龄的土鸡放养在其中，让其自由采食青草、昆虫、杂草种子等野生饲料。这种饲养方式不仅可以节约饲养成本，还能够保证良好的鸡肉品质。另外，鸡粪可以增加果园土壤肥力，土鸡也可以为果园消灭害虫。

提示

> 土鸡最佳的放养季节为春末、夏初。一般夏季在 30 日龄、45 日龄时开始放养；寒冬需 50 ~ 60 日龄才能放养。

第三节 商品土鸡的饲养管理技术

一、圈养土鸡的饲养管理技术

1. 饲养要点

(1) 饲料 饲料是影响土鸡生长速度和肉品质的主要因素。在 20 日龄以前以配合饲料为主，以后逐渐增加青绿饲料的用量；60 日龄以后可以以青绿饲料为主，配合饲料作为补饲使用。配合饲料可以使用蛋鸡的雏鸡料，其营养水平比较适宜；30 日龄后可以适当加大玉米的添加量以提高能量水平。以普通的浓缩饲料为例，第 1 个月的配合饲料用 40% 浓缩饲料加 60% 玉米；第 2 个月浓缩料的用量为 35%，玉米为 65%；第 3 个月浓缩料的用量为 30%，玉米为 70%；第 4 个月及以后浓缩料的用量为 25%，玉米为 75%。

注意

> 青绿饲料应该使用鲜嫩的杂草、牧草、树叶、蔬菜等，腐烂变质的绝对不能使用，还需要注意是否受到农药污染，以保证鸡群的安全。

圈养土鸡还可以通过人工育虫为鸡群提供动物性饲料，如把麦秸或其他草秸放在池子中，经过一段时间即可孵育出虫子，也可以饲养蚯蚓喂鸡。

（2）**喂饲方法**　雏鸡阶段使用料桶或小料槽，以后可以使用较大料槽或料盆，容器内的饲料添加量不宜超过其深度的一半，以减少饲料的浪费。

（3）**喂饲次数**　生产中，青绿饲料应全天供应，当鸡群把草、菜的茎叶基本吃完后，将剩余的残渣清理后再添加新的青绿饲料。配合饲料在10：00、15：00、18：00和半夜各喂饲1次。1天内每只鸡饲喂的配合饲料量占其体重的6%～10%，小的时候比例大一些，随着体重的增加喂料量占体重的比例要逐渐减少。动物性饲料，尤其是鲜活的昆虫、蚯蚓等，每天的喂饲量不能太大。

提示

青绿饲料要多样搭配，使各种青绿饲料中的营养成分能够互补，长时间喂饲单一的某种青绿饲料对鸡的生长发育和健康会有不良影响。有的青绿饲料中含有某些抗营养因素或有毒有害物质（尽管含量很低），长期使用会影响其他营养成分的吸收或出现慢性中毒。

（4）**饮水要求**　饮水应遵循"充足、清洁"的原则。"充足"是指在有光照的时间内保证饮水器内有一定量的水。断水时间不宜超过2小时，断水时间长则影响鸡的采食，进而影响其生长发育和健康，夏季更不能断水。"清洁"是指保证饮水的卫生，不让鸡群饮用脏水。

2. 管理要点

圈养土鸡在管理上基本同其他鸡相似，但也有特殊的地方。

（1）**保持合适的温度**　在雏鸡阶段要按照温度要求提供合适的温度，在育肥期间尽量使温度保持在15～28℃，而且要防止温度出现剧烈的波动。因为温度骤变对鸡的不良影响大于持续的温度偏高或偏低所造成的影响。注意当地天气预报，如果未来天气将出现大的变化就需要及早采取有效措施，尽可能缓解温度骤变对鸡群的不良影响。

（2）**保持鸡舍内的干燥**　圈养土鸡一般都是在鸡舍内铺设垫料，让鸡群在垫料上生活。但是，在鸡群生活过程中由于饮水、排粪等原因会造成垫料潮湿，使微生物和寄生虫在其中大量繁殖，感染鸡群。微生物的活动还会分解垫料中的有机物而产生大量的氨气和硫化氢气体，危害鸡的健康。

♂【小常识】>>>>

➡防止垫料潮湿的方法：一是在更换饮水、挪动饮水器的时候，尽量减少饮水器中的水洒到垫料上；二是及时更换饮水器周围的湿垫料；三是在白天鸡群到舍外运动场活动的时候，打开门窗或风扇进行通风；四是保证鸡舍内地面比鸡舍外高出 20 厘米以上，并尽量防止雨后鸡舍周围积水；五是防止屋顶漏雨。

（3）保持合适的饲养密度 饲养密度过高会影响鸡群的生长发育和健康，生长的均匀度差。一般 1~2 周龄时饲养密度为 35~45 只/米²，3 周龄时 30~40 只/米²，4 周龄时 25~35 只/米²，5 周龄时 20~30 只/米²，6~7 周龄时 15~20 只/米²，8 周龄以后 10~15 只/米²。

（4）光照管理 白天采用自然光照，22：00~24：00 用灯泡照明 2 小时，并喂料和饮水。

（5）增强运动 土鸡肉的风味好坏与其饲养过程中的运动量大小有密切关系。增加运动不仅可以提高肉的风味，还有助于提高鸡群的体质。要求 15 日龄以后在无风雨的天气让鸡群到运动场上去采食、饮水和活动。

（6）保持鸡群生活环境的卫生 鸡舍要定期清理，将脏污的垫料清理出来后，在离鸡舍较远的地方堆积进行发酵处理。运动场要经常清扫，含有鸡粪、草茎、饲料的垃圾要堆放在固定的地方。鸡舍内外要定期进行消毒处理，把环境中的微生物数量控制在最低水平，以保证鸡群的安全。料槽和水盆每天清洗 1 次，每两天用消毒药水消毒 1 次。

（7）设置栖架 鸡在夜间休息的时候喜欢卧在树枝、木棍上，在鸡舍内放置栖架可以让鸡夜间栖息在上面，其优点是可以减少相对饲养密度，减少与粪便的直接接触，避免老鼠在夜间侵袭。栖架用几根木棍钉成长方形的木框，中间再钉几根横撑，放置的时候将栖架斜靠在墙壁上，横撑与地面平行（图 7-1）。

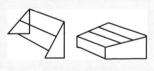

图 7-1 鸡的栖架

二、放养土鸡的饲养管理技术

1. 放养场地的选择

放养场地应选择林地、果园、山坡或荒地。放养场地的牧草越丰富、质量越好，鸡只所能采食到的饲草和昆虫就越多，也就越有利于育肥。放养场地确定后，周围打 1.5 米高的水泥桩，用耐雨淋、不生锈的尼龙网或塑料网筑起 1.5 米高的围栏，以防野生肉食动物侵入，并防止鸡只跑失。围栏面积根据饲养量和放养密度而定，一般以每只鸡平均占地5～10 米^2 为宜，鸡群不宜过大，一般每栏放养300～500 只。

放养的土鸡育成鸡

土鸡林地放养

2. 鸡舍的建造

在围栏内选择地势高燥，背风向阳，排水良好的地方修建鸡舍，为鸡提供避风雨、能栖息过夜的场所。鸡舍应坐北朝南，建筑结构因地制宜，在南方只要能避雨、遮阳即可；在北方除能避雨、遮阳外，还必须考虑鸡舍的保暖和防寒问题。可以使用竹木框架、油毡、石棉瓦或塑料布做屋顶棚，棚高 2.5 米左右，尼龙网圈围，冬天改用塑料薄膜或彩条布保暖。鸡舍面积应按 12～18 只/米^2 进行设计和建设。

土鸡放养
周围的围栏

要有喂料和供水设备，如料桶、料槽、饮水器、水盆等，喂料用具主要放置在鸡舍及附近，饮水用具不仅要放在鸡舍及附近，在放养地内也需要分散放置几个，以便于鸡只随时饮水。

3. 种植牧草

为了节省饲料，降低饲养成本，提高鸡的胴体质量，可在放养场地种植优质牧草——苜蓿。苜蓿为豆科牧草，新鲜苜蓿粗蛋白含量高达22%，可完全满足土鸡的生长发育需要。苜蓿产量高，多年生，返青早，再生能力强，在我国具有悠久的栽培历史。每年在其他牧草还没有返青前，苜蓿已经发出 2～3 片嫩叶，可供小鸡采食，到5 月苜蓿可达 40～50 厘米高。苜蓿每年可利用 3～4 茬，一批放养鸡出栏后，给苜蓿地浇灌1 次，苜蓿借助鸡粪的肥力，经15 天左右又可以长到数十厘米高，供第二批鸡采食。

第七章

4. 放养鸡群的饲养

(1) 饲喂 10 日龄前的鸡群需要使用全价配合饲料，按照一般育雏期的饲养方法进行。此后可以在饲料中掺入一些切碎的、鲜嫩的青绿饲料。15 日龄后可以逐步采用每天在鸡舍附近的地面上撒一些配合饲料和青绿饲料，诱导雏鸡在地面觅食，以适应以后在果园、林地、山坡、荒地内采食野生饲料。

(2) 定时补饲 放养鸡群仅靠青草和昆虫是吃不饱的，每天必须进行定时定量补饲。补饲时间一般在傍晚鸡回到鸡舍后进行。补饲定时定量，时间要固定，不可随意改动，这样可增强鸡的条件反射。夏秋季可以少补，春冬季可多补一些。30 ~ 60 日龄日补精饲料 25 克左右。60 日龄后，鸡生长发育迅速，饲料要有所调整，提高能量浓度，喂量逐步增加，日补精饲 30 ~ 35 克。还需要增加油脂，但不可加牛油、羊油以及鱼油等有异味的脂肪，脂肪的添加量为 3%。

> **提示**
>
> 每天必须让鸡只吃饱，否则会使其生长发育受阻，鸡群整齐度下降。

(3) 供给充足的饮水 放养鸡群活动空间大，体内水分消耗多，必须在鸡群活动的范围内，平均每 50 只鸡放置 1 个饮水器或安装 5 个饮水乳头。尤其是在干热季节和夏季更应如此，否则就会影响鸡的生长发育，甚至造成疫病的发生。

(4) 每周称重 鸡群整齐度是保证全出的基础，为保证鸡群的高整齐度，每周必须进行抽检称重。如果个体间体重差异较大，平均体重明显低于品种体重标准，说明每天的投料量不足，应增加每日的补饲量；如果个体间体重差异不大，平均体重接近或等于品种体重标准，说明投料量合适。

5. 放养土鸡的管理

(1) 保持合适的鸡舍温度 使用火炉或其他加热方式供温。1 ~ 3 日龄时温度保持在 33℃ 左右，4 ~ 7 日龄时在 31℃ 左右，8 ~ 14 日龄时在 29℃ 左右，15 ~ 21 日龄时在 26℃ 左右，22 ~ 28 日龄时在 23℃ 左右，29 日龄以后保持在 18℃ 以上。由于土鸡大都在 4 月以后放养，因此可以根据天气情况考虑在 15 日龄以后无风的晴天中午前后，让雏鸡到鸡舍附近活动，以适应外界环境。保温的重点在 15 日龄以前，尤其是在晚上和风雨天气。

（2）放养前的训练 放养鸡群与舍饲鸡群不同，放养鸡群的活动范围大，放养场地又有可食的青草与昆虫，所以常有一些鸡只夜晚不知归舍。夜晚不归舍的鸡，不但得不到补饲，而且还容易遇到雨淋或被野生肉食动物捕食。因此，在开始放养的头几天对鸡群要进行放养训练，使鸡群天黑前全部回到鸡舍。训练时需要两人配合进行，一人站在鸡舍门

舍外放养的贵妃鸡

口吹哨，并向鸡群抛撒玉米、碎米或小麦颗粒；另一人在放养场地的另一端用竹竿驱赶鸡只，直到鸡全部进入鸡舍为止。如此反复训练数日，鸡群就能建立起"吹哨—采食"的条件反射，在傍晚或天气不好时，只要吹哨，鸡都能及时被召回舍内。

（3）注意观察鸡群 每天早晨把鸡放出鸡舍的时候，看鸡是否争先恐后地向鸡舍外跑，如果有个别的鸡行动迟缓或待在鸡舍不愿出去，说明这些鸡的健康状况出现了问题，需要及时进行诊断和治疗。每天傍晚，当鸡群回到鸡舍的时候，观察鸡群，一方面看鸡只的数量有无明显减少以决定是否到果园内寻找，另一方面看鸡的嗉囊是否充满食物以决定补饲量的多少。

（4）防止药害、兽害 在果园放养时，对果树喷洒农药，必须使用低毒类或生物类农药，以防引起鸡只中毒；果园、林地、荒地等一般都在野外，可能进入的野生动物很多，如黄鼠狼、老鼠、蛇、鹰、野狗等，这些野生动物对不同日龄的土鸡都有可能造成危害。因此，放养土鸡必须防止这些野生动物的危害，否则会造成很大的损失。为防止野生动物危害可以在鸡舍外面悬挂几个灯泡，使鸡舍外面通夜比较明亮；也可在鸡舍外面搭个小棚，养几只鹅，当有动静的时候，鹅会鸣叫，人员可以及时起来查看；或管理人员住在鸡舍旁边也有助于防止野生动物靠近。

（5）夜间照明 光照可以促进鸡体新陈代谢、增进食欲，特别是冬、春季，自然光照短，必须实行人工补光。在 22：00 关灯，关灯后，还应有部分光线不强的灯通宵照明，使鸡看见，方便行走和饮水，以免引起惊群，减少应激，还可以防止野生动物在晚上靠近。在夏季昆虫较多时，夜间开灯可吸引昆虫，供鸡采食。如果缺乏电力供应，可以用太阳能蓄电池照明。

第七章

(6) 防止意外伤亡和丢失 鸡舍附近地段要定期下夹子捕杀黄鼠狼，晚上下夹子，次日早晨要及时收回，防止伤着鸡。要及时收听当地天气预报，暴风雨来临前要做好鸡舍的防风、防雨、防漏工作，及时寻找天气突然变化而未归的鸡，以减少损失。下雨的天气让鸡群在室内活动和采食饮水。

(7) 加强隔离卫生 避免不同日龄的鸡群混养。一个果园内在一个时期最好只养一批鸡，相同日龄的鸡在饲养管理和卫生防疫方面的要求一样，管理方便。如果不同日龄的鸡群混养，则相互之间因为争斗、疾病传播、生产措施不便于实施等原因，会影响到生产。如果想养两批鸡，最好用尼龙网或篱笆把果园分隔成两部分，并有一定间距，减少相互之间的影响。此外，还要及时清理粪便，定期进行消毒，按时接种疫苗，适时喂饲抗菌药物和抗寄生虫药物，发现病鸡及时检查和处理。

(8) 适时免疫接种 当前养鸡生产大多采用高密度、集约化的饲养方式，使鸡的生长发育和生产性能得到了大幅度的提高，但同时也给鸡病的传播创造了有利条件。过去未曾引起重视的疾病也逐渐成为养鸡业的重大威胁，如传染性法氏囊病、病毒性关节炎、鸡大肠杆菌病、鸡球虫病等。因此，在加强饲养管理的基础上，各养殖场家均应加强卫生管理，定期检疫，制定科学的免疫程序，适时进行免疫接种。

(9) 定期驱虫 放养鸡群大部分时间放牧于草地、林间，与地面接触密切，患寄生虫病的机会较多，必须定期进行驱虫。对胃肠道寄生虫，可用左旋咪唑或丙硫苯咪唑进行驱除。对于鸡球虫可定期投喂不同的抗球虫药进行预防和治疗。

第四节 商品土鸡的季节性管理

一、炎热季节的饲养管理

炎热气候条件下，土鸡的采食量将随着温度的上升而下降，生长发育和饲料转化率降低。为保证鸡群的健康和正常的生长发育，在饲养管理方法上应采取一些相应的技术措施。

1. 满足蛋白质和氨基酸的需要

由于炎热高温，鸡的采食量下降，鸡只从饲料中获得的蛋白质和氨基酸难以满足生长发育的需要。因此，在高温季节应调整饲料配方，适当提高蛋白质和氨基酸的含量，以满足鸡只生长发育的需要。

2. 降低饲养密度

在舍饲情况下，饲养密度过大，不仅会使采食、饮水不均，还会因散热量大，使舍温升高。因此，在炎热季节饲养土鸡，一定要严格控制饲养密度，不得使密度过大。

3. 加强通风降温

通风可降低鸡舍温度，增加鸡体散热，同时改善鸡舍空气环境。所有鸡舍，特别是较大的鸡舍必须安装排气扇，在炎热季节加强通风管理。

4. 添加水溶性维生素

炎热季节鸡的排泄量大幅度增加，使水溶性维生素的消耗加大，很容易引起生长发育迟缓、抗热应激能力降低。因此，必须在饮水中添加水溶性维生素或在饲料中增加水溶性维生素的添加量。

5. 饲料中添加碳酸氢钠

炎热高温可使鸡只呼吸加快，血液中碱储减少，引发酸中毒。在日粮中添加 0.1% 碳酸氢钠，可有效地提高血液中碱储，缓解酸中毒的发生。

二、梅雨季节的饲养管理

梅雨季节影响土鸡生长发育的主要因素是高温高湿。鸡舍内湿度过大，垫料潮湿易于霉烂发臭，氨气浓度升高，导致鸡球虫病、大肠杆菌病和呼吸道疾病的暴发。为此，应做好以下管理工作。

1. 及时更换垫料

进入梅雨季节后，要增加对垫料的检查次数，发现垫料潮湿发霉现象应及时更换，以降低舍内氨气浓度，恶化球虫卵囊发育环境。

2. 防止饲料霉变

进入梅雨季节后，为防止饲料受潮霉变，每次购入饲料的数量不得太多，一般以可饲喂 3 天为宜。鸡舍内的饲料应放在离开地面的平台上，以防吸潮、结块。

3. 消灭蚊、蝇

蚊、蝇是某些寄生虫、细菌和病毒性疾病的传播媒介。因此，鸡舍内应定期进行喷洒药物杀灭蚊、蝇，但所使用药物应对鸡群无害，不会引起鸡群中毒。

4. 加强鸡舍通风

加强鸡舍通风不但可以有效降低鸡舍温度，而且可以排除舍内潮气，降低舍内湿度，使鸡群感到舒适。

5. 投喂抗球虫药

高温高湿有利于球虫卵囊的发育，从而导致球虫病的暴发，尤其是地面平养鸡群接触球虫卵囊的机会更多，因此在梅雨季节，饲料中应定期投放抗球虫药物，以防暴发球虫病。

三、寒冷季节的饲养管理

寒冷季节鸡群用于维持体温所消耗的能量会大幅度增加，使增重减慢。因此，进入冬季后要切实做好鸡舍的防寒保暖工作。

1. 修缮门窗

进入冬季前应全面检查一下鸡舍的门窗，发现有漏风的地方应进行修缮，使其密闭无缝，防止漏风。

2. 减少通风

通风可降低鸡舍温度，因此进入凉爽季节后要逐渐减少通风次数，以维持鸡舍的适宜温度。但为了保持鸡舍内空气环境，中午前后亦应对鸡舍进行定时通风。

3. 鸡舍升温

在北方的冬季，空闲鸡舍的温度往往在 0℃ 以下。育雏结束后，鸡群在转入生长、育肥鸡舍前，一定要将鸡舍预先升温，必要时还需连续供温，保证温度在 10℃ 以上，以保障鸡只的正常生长发育。

案例

辉县一农场，有林地 200 亩（1 亩 = 666.67 米²），以杨树、槐树等林木为主，树龄 7 年，放养贵妃鸡，每年 3 月进雏，4 月中下旬开始放养，8 月出售。将林地分为 4 个区轮放，每个区放牧时间 10 天，每只鸡每天平均补料 60 克。年出栏贵妃鸡 5000 只，收入 10 万元左右。

新乡市一土鸡养殖场，利用 300 米² 的废旧厂房饲养土鸡，每年出栏两批商品土鸡，每批饲养 3500 只。专门改造育雏舍 100 米² 进行网上育雏，育雏结束后一部分留在育雏舍，一部分放入育肥舍（厚垫料饲养）。以精饲料为主，适当饲喂一些青饲料，如青草、青菜，没有青饲料季节适当提高精饲料中米糠用量或利用一些豆腐渣等。管理方面注意卫生消毒、防疫和避免兽害，保持环境安静等。每年收入近 6 万元。

第八章　肉蛋兼用型土鸡的选择及饲养管理

　　肉蛋兼用型土鸡不仅可以生产土鸡蛋，而且可以生产商品土鸡。一般是育雏、育成结束后，让土鸡产40~45周的蛋，然后淘汰上市。所以，肉蛋兼用型土鸡的饲养既要考虑产蛋数量，又要兼顾土鸡的肉质。饲养管理过程中，必须根据市场要求选择适宜品种和饲养季节，加强育雏育成期饲养，培育出优质育成新母鸡，采取综合措施增加产蛋量以及上市前进行育肥处理等，以提高市场效益和生产收益。

土鸡蛋

第一节　肉蛋兼用型土鸡的品种选择

一、当地的气候条件

　　我国幅员辽阔，各地气候条件相差甚大，品种选择时应考虑所拟选择品种对当地气候条件的适应性。选择时最好选择那些距当地较近，气候条件差异不大，宜于适应当地环境、气候的品种。只有这样才能减轻鸡群对环境适应的压力，充分发挥其生产性能，取得较好的养殖效果，获得较高的经济效益。

二、当地的消费习惯

　　不同地区的消费者对鸡蛋的大小、蛋壳及蛋黄的色泽，鸡的羽色、体形、性别的喜好差异很大，在品种选择时要充分考虑。例如，一些地区的消费者喜欢褐色蛋壳的小鸡蛋，一些地区的消费者则喜欢褐色蛋壳的大个鸡蛋，特别是习惯腌咸鸡蛋的消费者更是这样。又例如，南方各地的消费者喜欢黄羽鸡，而西南各省的消费者则喜欢麻羽鸡；广东、广西等地区的消费者喜欢食用母鸡，而四川、辽宁、天津、河南、山东的

消费者则喜欢食用公鸡；南方各省的消费者要求鸡的体形紧凑、腿短骨细，而北方各地则要求不那么严格。

三、当地的消费水平

一般来讲，广大农村的经济尚不够发达，土鸡蛋和土鸡肉鸡的消费量较小，且多喜欢个头较小的土鸡蛋和体重较轻的土鸡肉鸡。而在城市和近郊经济较发达的地区，不但土鸡蛋和土鸡肉鸡的消费量较大，且消费者对土鸡蛋的大小和土鸡肉鸡的体重也没有明显的特殊要求。

四、雏鸡供应厂家

供给雏鸡的厂家应有一定规模，并且信誉度和技术服务要好，能够提供饲料管理技术和科学免疫程序。所购品种应符合本品种特征要求，雏鸡应健康状况良好，无经蛋传染性疾病，如白血病、沙门氏菌病等。

第二节　育雏季节的选择

养殖土鸡能否取得较好的经济效益，与育雏季节的选择密切相关。例如，每年的农历1～5月，一般是土鸡蛋和土鸡肉鸡的销售淡季，那么前一年的7～9月培育的雏鸡其产蛋高峰期刚好落在土鸡蛋销售淡季，市场对土鸡蛋的需求量较少，销售价格一般较低；并且淘汰鸡的时间又落在10～11月，此时土鸡肉鸡的销售虽已进入旺季，但距元旦和春节尚有一些时日，销量也不太大。所以，每年的7～9月不要购进土鸡雏鸡，以防产蛋高峰期和淘汰育肥鸡落在销售淡季，造成经济效益不佳。然而，距离土鸡蛋和土鸡肉鸡加工企业较近的地区，则无须考虑市场需求的淡、旺季节的问题。因此，养殖肉蛋兼用型土鸡应根据鸡舍的条件、每个季节的育雏特点、市场对土鸡蛋和土鸡肉鸡的供需预测，进行综合考虑。

3～5月孵出的雏鸡，因气温适中、日照渐长、阳光充足，育雏成活率高，雏鸡体质健壮。育成阶段赶上夏、秋季，户外活动时间多，鸡体质强健。当年8～10月开产，产蛋期长，产蛋率高，产蛋高峰期正好落在元旦和春节期间，市场对土鸡蛋需求旺盛。6～8月孵出的雏鸡，正值高温、高湿季节，雏鸡生长发育缓慢，易发病。秋季育雏是指9～11月孵出的雏鸡。此时气温适宜育雏。但受自然光照影响，性成熟早，到成年时鸡的体重较轻，所产鸡蛋较小，产蛋期持续时间短。冬季育雏，恰遇一年中气温最低时期，需要人工加温时间较长，燃料费用高，消耗的饲料也多，经济上不大合算。但冬季加温育雏要比夏季降温育雏容易得多，冬季干燥，疾病少，成活率高。

第三节　肉蛋兼用型土鸡的饲养管理

肉蛋兼用型土鸡一般分为育雏期、育成期、产蛋期和育肥期四个阶段，0~7周龄为育雏期，8~22周龄为育成期，23~64周龄为产蛋期，65~70周龄为育肥期。另外，肉蛋兼用型土鸡饲养全程的划分，还因品种、生长发育规律的差异而不尽相同。

一、饲养方式

饲养方式可以分为舍内饲养和舍外放养，舍内饲养又可以分为地面平养、网上平养和笼内饲养。

二、饲养管理技术

1. 肉蛋兼用型土鸡舍内饲养育雏期、育成期、产蛋期的饲养管理

饲养肉蛋兼用型土鸡是为了获得土鸡蛋以供应市场；而饲养种鸡则是为了获得大量优质种蛋，孵出雏鸡供养殖场（户）饲养。因此，除了饲养种鸡的养殖场需要培育种公鸡供配种用以及种蛋采集管理外，其他方面的饲养管理同肉蛋兼用型。

2. 肉蛋兼用型土鸡放养期的饲养管理

肉蛋兼用型土鸡，一般是先在室内育雏，育雏期的饲养管理与土种鸡饲养管理一致。育雏结束后将育成期、产蛋期和育肥期的鸡群放到果树林、小树林、竹林、茶园进行放养。放养可以使鸡获得充足的阳光，采食到青绿饲料、昆虫、沙砾等。虽然放养会使鸡的运动量增大，能量消耗增加，但是可促进鸡的生长发育，增强体质，提高抗病能力和产蛋率。长期放养还可使鸡体更加紧凑，被羽光亮，肌肉结实，减少腹脂，更能适应市场对低脂肉蛋兼用型土母鸡的需要，销售价格也会更高一些。

（1）放养场地的选择　放养场地应选择无污染的山区林地、果园或荒地。放养场地确定后，周围打2米高的水泥桩，用耐雨淋、不生锈的尼龙网或塑料网筑起2米高的围栏，以防野生肉食动物侵入，并防止鸡只跑失。围栏面积根据饲养量和放养密度而定，一般以每只鸡平均占地10~20米^{2}为宜，鸡群不宜过大，一般以每栏放养300~400只为宜。

（2）鸡舍的建造　在围栏内选择地势高燥，背风向阳，排水良好的地方修建鸡舍，为鸡提供避风雨、能憩息过夜的场所。鸡舍应坐北朝南，建筑结构因地制宜，在南方只要能避雨、遮阳即可；在北方除能避雨、

遮阳外，还必须考虑鸡舍的保暖和防寒问题。鸡舍面积应按 4~5 只/米² 进行设计和建设。鸡舍 3/4 左右面积应铺上离地面 40~50 厘米高的塑料网或木、竹栅条，其余部分为走道，供饲养管理人员、进出鸡舍的鸡只行走，在走道的两侧放置食槽与水槽。这种饲养方式不但有利于舍内卫生控制和鸡喜架栖的习惯，而且可适当提高鸡的饲养密度。

（3）种植牧草 为了节省饲料，降低饲养成本，提高鸡的体质，可在放养场地种植优质牧草，如紫花苜蓿、金花菜（南苜蓿）、红三叶和草木樨等豆科牧草。这些豆科牧草的粗蛋白含量都在 15% 以上，有的则可达鲜草重的 26% 以上，并且这些豆科牧草大多为多年生草本植物，种植和管理简单，产量高，返青早，再生能力强，完全可以满足肉蛋兼用型土鸡的生长发育和产蛋需要。

（4）育成期的饲养管理 肉蛋兼用型土鸡放养时育成期的饲养和管理方法与商品土鸡放养时的饲养管理相似，但需要注意两点：一是在育成期要加强体重管理，根据体重情况增加或减少补料量，使体重符合标准体重要求；二是在育成期要控制光照时数，保证光照时数渐减。

（5）产蛋期的饲养管理

1）设置产蛋箱。采用放养方式时，在产蛋前（即 19~20 周龄时）应先安装产蛋箱。产蛋箱以木板或塑料板做成，一般长 35 厘米、宽 25 厘米、高 35 厘

70 日龄的散养土鸡

米、箱内铺上垫草，可供 3~4 只母鸡轮换产蛋用。根据鸡只的多少，产蛋箱可安装成单层，也可安装为多层。母鸡喜欢在光线较暗处产蛋，因此产蛋箱应放置于靠墙边光照较弱的地方或大树下。不管产蛋箱放在何处，但均应高出地面 50 厘米。母鸡有认巢的习惯，第一个蛋产在什么地方，以后就一直在这个地方产蛋，要人为的去改变它的这种习惯往往不太容易。

注意

> 产蛋箱的设置一定要在开产前完成。

2）供给充足的饮水。放养鸡群活动空间大，体内水分消耗多，必须在鸡群活动的范围内，平均每 50 只鸡放置 1 个饮水器或安装 5 个饮水乳头。尤其是在干热季节和夏季更应如此，否则就会影响鸡的生长发育，甚至造成疫病的发生。

第八章

3）定时定量补饲。放养鸡群仅靠青草和昆虫是吃不饱的，每天必须进行定时定量补饲。补饲一般分早、晚两次进行，早上土鸡外出前投给全天日粮的2/5，傍晚待其回舍后投给全天日粮的3/5。也可以在傍晚土鸡回舍后一次补料。每天必须让鸡只吃饱，否则会使其生长发育受阻，鸡群整齐度下降，开产推迟，产蛋率迟迟达不到品种标准。补料时应观察整个鸡群的采食情况，防止胆子小的鸡不敢靠近采食。因此，可将部分饲料撒向补料场的外围，也可以延长补料时间，使每只鸡都能采食足够的饲料，避免影响其生产性能。

4）环境控制

① 温湿度的控制。蛋鸡产蛋需要适宜的温湿度。舍外散养应注意气温低时晚放鸡，早收鸡；气温高时早放鸡，晚收鸡。夏季充分利用树木等植物遮阳，冬季由于外界气温低，可以封闭鸡舍，在舍内饲养，但要注意鸡舍通风和卫生。

② 光照的控制。光照是影响蛋鸡生产性能的重要因素，对其有决定性的作用。每日的光照时数和光照强度对蛋鸡的性成熟、排卵和产蛋等均有影响。产蛋期光照时间保持恒定或渐增，不能缩短。一般产蛋高峰期光照时间应控制在15～16小时，如果每日自然光照时间不足时需要人工光照补足。产蛋期的光照强度要达到10～20勒克斯。

5）捡蛋。捡蛋次数影响蛋的破损率和污染程度，捡蛋次数越多，蛋的破损率和污染程度越低。最好是刚产下时即捡走，但在生产中捡蛋不可能如此频繁，这就要求捡蛋时间、次数要制度化。大多数鸡在上午产蛋，第一次和第二次的捡蛋时间要调节好，尽量减少蛋在窝内的停留时间。一般要求每天捡蛋3～4次，捡蛋前用0.1%新洁尔灭洗手消毒，持经消毒的清洁蛋盘捡蛋。捡蛋时要净、污蛋分开，薄、厚壳蛋分开，完好蛋和破损蛋分开，将那些表面有垫料、鸡粪、血污的蛋和地面蛋以及薄壳蛋、破蛋单独放置。在最后一次收集蛋后要将窝内鸡只抱出。

捡蛋后，将脏蛋、破壳蛋、沙壳蛋、钢皮蛋、皱纹蛋、畸形蛋，以及过大、过小、过扁、过圆、双黄蛋挑出，单独放置。对有一定污染的鸡蛋（脏蛋），可先用细纱布将污物轻轻拭去，并对污染处用0.1%百毒杀进行消毒处理（不能用湿毛巾擦洗，这样做破坏了鸡蛋的表面保护膜，使鸡蛋更难以保存）。

6）注意观察鸡群。平时要认真观察鸡群的状况，发现个别鸡出现异常，及时分析和处理，防止传染性疾病的发生和流行；避免药害和兽害。

7）疾病防控。开产前做好免疫接种和驱虫工作；加强鸡舍卫生管理和隔离，保证饮水和饲料卫生。

3. 肉蛋兼用型土鸡育肥期的饲养管理

目前，全国各地土著肉蛋兼用型鸡养殖场（户），一般都是在进入土鸡60周龄以后，售蛋收入接近饲料、人工和水电支出，养殖户已无利可图时，就将鸡群做淘汰处理。此时的鸡群由于产蛋期的限制饲养和产蛋消耗，鸡的皮肤及羽毛光泽欠佳，体形亦欠丰满，如将鸡群淘汰投放市场，无论如何是卖不到好价钱的。如果先根据市场对商品土鸡需求的预测，适时进行适度育肥后再供应市场，则常可取得较好的经济效益。

此阶段的饲养管理目标在于促使体内脂肪的沉积，增加鸡体的丰满度，改善肉质，增加皮肤及羽毛的光泽。

（1）调整日粮营养 肉蛋兼用型土鸡进入育肥期后对能量的需要明显高于产蛋期，而对蛋白质和钙的需要则显著降低。因此，应将日粮调整为高能、低蛋白质和低钙的日粮，增加黄玉米等能量饲料的比例，也可在饲料中添加2%～5%优质植物油或动物油，以提高日粮的能量浓度。

为了增加鸡肉的鲜嫩度，保持良好风味，防止饲料原料对鸡肉风味品质的不良影响。在育肥期的饲料中，应禁止使用鱼粉等动物性蛋白质饲料，少用棉籽粕、菜籽粕等有异味的蛋白质饲料，而使用大豆粕和花生粕等蛋白质饲料。

目前，我国尚没有一个适用于肉蛋兼用型土鸡育肥期的饲养标准。综合各品种土鸡的养殖经验，建议：代谢能13.33兆焦/千克，粗蛋白14%～15%，赖氨酸0.6%，蛋氨酸0.5%，钙1%，有效磷0.45%。以此为依据设计出了一些无鱼粉日粮配方（表8-1），在数个肉蛋兼用型土鸡养殖场使用，效果较好，供各养殖者参考。

表8-1 蛋肉兼用型土鸡育肥期饲料配方（%）

成分＼编号	1	2	3	4	5
黄玉米	68	68	65	60	62
大豆油	—	—	2	3	2.5
小麦麸	8	7	7	9	8.5
苜蓿草粉	—	2	2	3	3
大豆粕	10	10	8	6	7

（续）

成分 \ 编号	1	2	3	4	5
花生粕	5.5	5	6	6	8
菜籽粕	3.5	3	2	4	2
棉籽粕	—	—	3	4	2
预混剂	5	5	5	5	5
合计	100	100	100	100	100

（2）饲喂叶黄素 黄色皮肤的土鸡经过一个产蛋周期，体内黄色素几乎耗尽，皮肤颜色变白、无光，影响到销售。皮肤的黄色几乎完全来自饲料中的叶黄素类物质，为了保持黄皮肤的特征，饲料中供给的叶黄素必须达到或超过鸡体丧失的量。含有叶黄素物质的饲料有苜蓿草粉、黄玉米、金盏花草粉、万寿菊草粉等，其中黄玉米是饲料中叶黄素的主要来源。因此，在饲养土鸡或肉蛋兼用型土鸡时，饲料中要使用黄玉米。黄玉米中的叶黄素使鸡皮肤产生理想黄色的时间大约是3周，鸡龄越大，叶黄素从饲料中转移到皮肤的比率也越高，但叶黄素在体内的氧化也就越多。土鸡进入育肥期后，饲料中必须含有足够量的叶黄素，以保证鸡皮肤的理想黄色。

（3）自由采食 肉蛋兼用型土鸡在产蛋期为防止鸡只过肥影响产蛋，养殖场（户）都采用限制饲养方式。进入育肥期后，饲养目的发生了改变，由产蛋转向育肥，故应停止限制饲养，改为自由采食。通常是每天早、中、晚各喂料1次，或者是将一天的饲料一次投给，让鸡自由采食。但要注意，不管采用何种投料方式，当天的料都必须当天吃完，不剩料，第二天再添加新料。

（4）禁用药物 肉蛋兼用型土鸡进入育肥期后，很短时间内就会上市。因此，各养殖场（户）应高度注意，饲料中不得再添加任何药物，以确保无公害化。若因药物残留被查处，不但会给自己造成重大经济损失，甚至会带来严重的法律责任。

（5）全进全出 在出栏时，应集中一天将同一鸡舍内的育肥鸡一次出空，切不可零星出售。以利于鸡舍空置，为迎接下一批鸡争取时间。

案例

河南固始三高农牧股份有限公司是牧、工、商一体化的现代化畜牧业综合经营集团，下辖种鸡场、孵化厂、种猪场、饲料厂、俏霸食品有限公司、固始鸡屠宰加工厂等9个生产经营实体，主要生产经营规模为：固始鸡祖代3万套、固始鸡父母代30万套，年孵化供种能力3000万只以上，年产配合饲料4万吨，固始鸡鸡精、鸡粉600吨。主导产品为：中国土鸡之王——固始鸡种蛋、种雏、商品鸡、商品雏；固始鸡屠宰加工系列产品——中装保鲜白条鸡、鸡精、鸡粉。产品畅销全国24个省、市、区。

在养殖上，该集团利用固始鸡耐粗饲、觅食力强的特点，始终以"优质、安全、无公害"的市场需求，从源头抓产品质量，积极推行了两大生态放养模式。一是"天然养殖园区"模式，利用山坡、林地，建立"天然养殖园区"，进行规模化轮牧生态放养；二是"核心户带农户、散养固始鸡"模式，以村为单位，扶植发展"核心户"，通过"核心户"集中育雏、跟踪防疫、组织鲜蛋回收，带动周边农户每户散养固始母鸡50～100只，开发生产固始鸡蛋和特优质型产蛋母鸡。这两种生态模式的推行，确保了产品的品质，使"固始鸡""固始鸡蛋"获得国家绿色食品认证和"原产地标记"认证及"固始鸡"证明商标注册。2002年，带动县内千只以上规模的专业大户5200多户，出栏精品肉鸡1200万只，户均增收5000多元；通过"核心户带农户、散养固始鸡"模式，发展散养母鸡专业户4.6万多户，饲养量突破1200万只，户均增收1500多元，创社会效益1.3亿元。

第 九 章 **土鸡场的疾病防治**

　　疾病成为制约养鸡业发展的一个重大因素，但疾病防治中存在误区，注重治疗而忽视预防，容易给生产带来损失。疾病防治必须树立和贯彻"预防为主""防重于治"和"养防并重"的原则，加强综合防治。

第一节　综合防治措施

一、科学的饲养管理

　　饲养管理工作不仅影响土鸡的生长发育，更影响到土鸡的健康和抗病能力。只有科学的饲养管理，才能维持土鸡机体健壮，增强机体的免疫力和抗病能力。

1. 提供优质饲料，保证营养供给

　　饲料为土鸡提供营养，土鸡依赖于饲料中的营养物质生长发育、生产和提高抵抗力，从而维持其健康和生产性能的发挥。所提供的饲料营养物质不足、过量或不平衡，不仅会引起土鸡的营养缺乏症和中毒症，而且影响鸡体的免疫力，增强对疾病的易感性。

> **提示**
>
> 　　放养土鸡，要注意饲料补充，并且补充的饲料要优质。

2. 充足卫生的饮水

　　水是最重要、最廉价的营养素，也最容易受到污染和传播疾病。所以，土鸡场要保证水的充足供应和卫生条件。

3. 保持适宜的环境条件

（1）保持适宜的饲养密度　密度过大，鸡群拥挤，不但会造成鸡采

食困难，而且空气中的尘埃和病原微生物数量较多，最终引起鸡群发育不整齐，免疫效果差，易感染疾病和啄癖。密度过小，不利于鸡舍保温，也不经济。密度的大小应随品种、日龄、鸡舍的通风条件、饲养的方式和季节等做调整。

（2）保持适宜的光照　光照是一切生物生长发育和繁殖所必需的。合理的光照时间和光照强度不但可以促进鸡群的生长发育，而且可以提高鸡体的免疫力和抗病能力。土鸡光照强度不能过强，否则，易引起鸡群骚动不安、神经质和啄癖等现象。

（3）保持适宜的温湿环境　适宜的温湿环境既可以提高鸡群的饲料转化率，又可以防止环境应激所造成的不利影响。根据不同阶段土鸡的温度和湿度需要提供最适宜的温湿环境。

（4）保持适量的通风换气　土鸡在生长、生产过程中需要大量的氧气，排出大量的二氧化碳，舍内空气容易污浊，有害气体、二氧化碳、微粒和微生物等含量极易超标，给土鸡的健康和生长带来巨大危害，特别是冬季舍内密闭严密，有害气体更易超标，刺激呼吸道黏膜，引起黏膜损伤，使病原易于侵袭。

> **提示**
>
> 保证土鸡舍内空气新鲜洁净。

二、建立健全卫生防疫制度

1. 做好隔离

（1）土鸡场要远离市区、村庄和居民点，远离屠宰场、畜产品加工厂等污染源　土鸡场周围应有隔离物。土鸡场大门、生产区入口处要建同门口一样宽、长是汽车轮 2 个周长以上的消毒池；各鸡舍门口要建与门口同宽、长 1.5 米的消毒池。

（2）进入土鸡场和鸡舍的人员和用具要消毒　车辆进入土鸡场前应彻底消毒，以防带入疾病；土鸡场谢绝参观，不可避免时，应严格按防疫要求消毒后方可进入；禁止其他养殖户、鸡蛋收购商和收购死鸡的小贩进入鸡舍和放养场地，病鸡和死鸡经疾病诊断后应深埋，并做好消毒工作，严禁销售和随处乱丢。

（3）育雏区与放养区要分离　不同日龄的土鸡分别养在不同的区域，并相互隔离。

（4）**采取全进全出的饲养制度**　采取全进全出的饲养制度是有效防止疾病传播的措施之一。全进全出能够做到净场和充分的消毒，切断了疾病传播的途径，从而避免患病鸡只或病原携带者将病原传染给日龄较小的鸡群。

（5）**选择洁净的雏鸡**　订购雏鸡前要了解孵化场的孵化和养殖户的养殖情况，选择从孵化质量好（养殖户饲养的土鸡成活率高，疾病少）的孵化场购买雏鸡。

2. 搞好卫生

（1）**搞好鸡舍和鸡舍周围的环境卫生**　及时清理鸡舍的污物、污水和垃圾；定期打扫鸡舍顶棚和设备用具的灰尘，每天进行适量的通风，保持鸡舍清洁卫生；不在鸡舍周围和道路上堆放废弃物和垃圾。

（2）**保持饲料和饮水卫生**　饲料不霉变，不被病原体污染，饲喂用具勤清洁消毒；饮用水符合卫生标准（人可以饮用的水，鸡也可以饮用），水质良好，饮水用具要清洁，饮水系统要定期消毒。

（3）**废弃物要做无害化处理**　粪便堆放要远离鸡舍，最好设置专门的储粪场，对粪便进行无害化处理，如堆积发酵、生产沼气或烘干等处理。病死鸡不要随意出售或乱扔乱放，防止传播疾病。

（4）**保持放养场地的卫生**　如果放养土鸡宜采取全进全出制，每出栏一批（群）鸡后清理卫生，全面消毒，并间隔 20～30 天后，再放养第二批鸡；如果放养面积较大，最好实行分区轮放，在一个区域放养 1～2 年后，再轮牧到另一区域，让其自然净化 1～2 年以上，消毒后再放养比较理想。

（5）**防害灭鼠**　昆虫可以传播疫病，要保持舍内干燥和清洁，夏季使用化学杀虫剂防止昆虫滋生和繁殖。老鼠不仅可以传播疫病，而且可以污染和消耗大量的饲料，危害极大，必须注意灭鼠，每 2～3 个月彻底灭鼠 1 次。

3. 健全防疫制度

根据本地区鸡病发生和流行的特点，制定合理的免疫程序，有计划地进行免疫接种，控制主要传染病的发生，用最少的投入达到最好的防病效果。

三、消毒

消毒是指用化学或物理的方法杀灭或清除传播媒介上的病原微生物，使之达到无传播感染水平的处理，即不再有传播感染的危险。消毒

第九章

的目的是消灭被病原微生物污染的场内环境、鸡体表面及设备器具上的病原体，切断传播途径，防止疾病的发生或蔓延。

1. 消毒的程序

（1）进入人员及物品消毒　土鸡场入口必须设置车辆消毒池和人员消毒室，车辆消毒池的长度为进出车辆车轮 2 个周长以上，消毒液可用消毒时间长的复合酚类和 3%～5% 氢氧化钠溶液，最好再设置喷雾消毒装置，喷雾消毒液可用 1：1000 的氯制剂；人员消毒室设置淋浴装置、熏蒸衣柜和场区工作服，进入人员必须淋浴，换上清洁且消毒好的工作衣帽和靴后方可进入，工作服不准穿出生产区，应定期更换并清洗消毒；鸡舍入口设置脚踏消毒池，工作人员进入时要先脚踏消毒液，工作前要洗手消毒（消毒后不要立即使用清水冲洗）；进入场区的所有物品、用具都要消毒。舍内的用具要固定，不得互相串用。非生产性用品一律不能带入生产区。

（2）场区消毒　场区每周消毒 1～2 次，可以使用 5%～8% 氢氧化钠溶液或 5% 甲醛溶液进行喷洒。特别要注意土鸡场道路和鸡舍周围的消毒。放养的土鸡场地要在土鸡淘汰后空闲 1～2 个月后再饲养。

（3）鸡舍消毒　土鸡上市或转群后，要对鸡舍进行彻底的清洁消毒。消毒的步骤是：先将鸡舍各个部位清理、清扫干净，然后用高压水枪将鸡舍墙壁、地面和屋顶及不能移出的设备和用具冲洗洁净，最后用 5%～8% 氢氧化钠溶液喷洒地面、墙壁、屋顶、笼具、饲槽等 2～3 次，用清水洗刷饲槽和饮水器。其他不易用水冲洗和氢氧化钠消毒的设备可以用其他消毒液涂擦。土鸡入舍后，在保持鸡舍清洁卫生的基础上，每周消毒 2～3 次。

（4）带鸡消毒　育雏舍和种用土鸡舍每周带鸡消毒 1～2 次，发生疫病期间每天带鸡消毒 1 次，应选用高效、低毒、广谱、无刺激性的消毒药。冬季寒冷，不要把鸡体喷得太湿，可以使用温水稀释再喷洒；夏季带鸡消毒有利于降温和减少热应激死亡。

（5）发生疫情后的紧急消毒　土鸡场一旦发生疫情应迅速采取措施。首先隔离病鸡，防止健康鸡受到感染，以便将疫病控制在最小范围内加以扑灭；如果病鸡数量不多，应淘汰所有病鸡；对未病鸡群应根据诊断结果使用疫苗进行紧急预防接种或用药物进行预防。

对病鸡污染的房舍、饲料、垫料、用具、场地、粪便进行严格的消毒；病死鸡应进行深埋或焚烧，深埋可挖一深坑，一层死鸡一层生石灰，

第九章

或者用有效的消毒剂；禁止从疫区运出鸡群及其产品或饲料。场内发生传染病应报告防疫部门和附近养鸡场，做好防疫记录。

2. 消毒注意事项

一是消毒时的清洁。彻底的机械清洁是有效消毒的前提。消毒表面不清洁会阻止消毒剂与细菌的接触，使杀菌效力降低。例如，鸡舍内有粪便、羽毛、饲料、蜘蛛网、污泥、脓液、油脂等存在时，常会降低所有消毒剂的效力。在许多情况下，表面的清洁甚至比消毒更重要。进行各种表面的清洁时，除了刷、刮、擦、扫外，还可应用高压水冲洗，效果会更好，有利于有机物溶解与脱落。消毒前应先将可拆除的用具运至舍外清扫、浸泡、冲洗、刷刮，并反复消毒，舍内从屋顶、墙壁、门窗，直至地面和粪池、水沟等按顺序认真清理和冲刷干净，然后再进行消毒。二是保持一定的接触时间。消毒药物与消毒对象要有较长的接触时间，以充分发挥药效，最少为30分钟，否则，效果很差。有的养殖场使用消毒药物洗手后立即用清水冲洗，几乎起不到消毒作用。三是保持适宜的药物浓度。四是稀释液要有较高温度（温度越高，消毒效果越好）。

四、免疫接种

免疫接种通常是使用疫苗和菌苗等生物制剂作为抗原接种于土鸡体内，激发机体产生特异性免疫力。

1. 免疫程序

免疫程序是土鸡场根据本地区、本场疫病发生情况（疫病流行种类、季节、易感日龄）、疫苗性质（疫苗的种类、免疫方法、免疫期）和其他情况制订的适合本场的一个科学的免疫计划。制定免疫程序要考虑土鸡的用途和饲养期、本地或本场的疾病疫情、母源抗体的水平、疫苗种类及其性质和鸡体的状况等因素。免疫程序要符合本地或本场的实际。土鸡参考的免疫程序见表9-1和表9-2。

注射马立克氏病疫苗1

注射马立克氏病疫苗2

表9-1 种鸡和肉蛋兼用型土鸡的免疫程序

日 龄	疫 苗	接 种 方 法
1	马立克氏病疫苗	皮下或肌内注射
	新城疫 + 传染性支气管炎弱毒苗（H120）	滴鼻或点眼
7~10	复合新城疫 + 多价传染性支气管炎灭活苗	颈部皮下注射0.3毫升/只
14~16	传染性法氏囊病弱毒苗	饮水
20~25	新城疫Ⅱ或Ⅳ系 + 传染性支气管炎弱毒苗（H52）	气雾、滴鼻或点眼
	禽流感灭活苗	皮下注射0.3毫升/只
30~35	传染性法氏囊病弱毒苗	饮水
40	鸡痘疫苗	翅膀内侧刺种或皮下注射
60	传染性喉气管炎弱毒苗	点眼
80	新城疫Ⅰ系	肌内注射
90	传染性喉气管炎弱毒苗	点眼
110~120	传染性脑脊髓炎弱毒苗（土蛋鸡不免疫）	饮水
	新城疫 + 传染性支气管炎 + 产蛋下降综合征油苗	肌内注射
	禽流感油苗	皮下注射0.5毫升/只
	传染性法氏囊油苗（土蛋鸡不免疫）	肌内注射0.5毫升/只
280	鸡痘弱毒苗	翅膀内侧刺种或皮下注射
320~350	新城疫 + 传染性法氏囊油苗（土蛋鸡不接种传染性法氏囊苗）	肌内注射0.5毫升/只
	禽流感油苗	皮下注射0.5毫升/只

表9-2 散养商品土鸡免疫参考程序

日龄	疫 苗 名 称	接 种 途 径	剂 量	备 注
1	马立克氏疫苗	皮下注射	1~1.5只份	孵房进行，强制免疫
5	鸡传染性支气管炎(H120)	滴鼻滴眼	1只份	—
7	鸡痘弱毒冻干疫苗	刺种	1只份	夏秋季使用（6~10月）

（续）

日龄	疫苗名称	接种途径	剂量	备注
10	鸡传染性法氏囊病弱毒疫苗	饮水	2 只份	—
14	新城疫 Ⅳ 系弱毒疫苗（克隆 30 更合适）	饮水	2 只份	强制免疫
15	禽流感油剂乳剂灭活疫苗（H5、H9）	皮下注射	0.3 毫升	强制免疫
20	鸡传染性法氏囊病弱毒疫苗	饮水	2 只份	—
30	新城疫 LaSota 系或 Ⅱ 系	饮水	2 只份	强制免疫
34	禽流感油剂乳剂灭活疫苗（H5、H9）	肌内注射	0.3～0.5 毫升	强制免疫
45	传染性支气管炎弱毒疫苗（H52）	饮水	2 只份	—
60	鸡新城疫 Ⅰ 系弱毒疫苗	肌内注射	1 只份	若放养周期为 180 日龄，此次注射可推迟到 100 日龄

注：各饲养者应根据鸡的品种、饲养环境、防疫条件、抗体监测等制定出适合当地实际情况的免疫程序。

2. 免疫接种注意事项

（1）加强鸡群的饲养管理 加强鸡群的饲养管理，维持鸡群健康，如此才能获得良好的免疫效果。

（2）注重疫苗的选择和管理 根据本地疫病情况，选择相应的疫苗，严格按要求运输和保管，注意疫苗的失效期。按照说明书使用合适的免疫方法。

（3）根据本地鸡病流行情况，制定合理的免疫程序 主要包括什么时间接种什么疫苗、剂量多少、采用什么接种方法、间隔多长时间加强免疫等。首先考虑危害严重的常发病，其次是本地特有的疫病。雏鸡首免时间要考虑母源抗体对免疫力的影响，一般母源抗体要降到一定程度才能取得好的免疫效果；还应考虑疫苗间的互相干扰。

（4）严格进行免疫接种操作 不同的疫苗有最佳的接种途径，应该

第九章

按照疫苗要求的途径进行免疫；免疫操作时，疫苗要摇匀、剂量要准确、方法要得当、免疫要确实，同时免疫接种用具要严格清洁消毒，以保证免疫操作的质量，提高免疫的效果。

（5）注意工作人员卫生防护 工作人员穿工作服、戴工作帽、穿工作鞋，工作前后手应消毒。

（6）做好预防接种记录 记录包括日期、品种、数量、日龄、疫苗名称、生产厂家、批号、生产日期、保存温度、稀释剂和稀释浓度、接种方法等。

（7）加强免疫期间的管理 疫苗接种期间要停止在饮水中加消毒剂和带鸡消毒。疫苗接种后要保证鸡舍有良好的通风，保持空气新鲜，有足够的饮水。要防止应激反应，可在饮水中加抗应激药（如富道电解多维、速溶多维等），还可用免疫增强剂以提高免疫效果。

注意

> 生产中存在忽视疫苗储存、免疫程序照搬、疫苗稀释不科学、盲目联合使用疫苗及在免疫接种时消毒或使用药物不当等影响免疫效果的情况，应高度注意。

五、药物防治

适当合理地使用药物有利于细菌性和寄生虫病的防治，但不能完全依赖和滥用药物。土鸡场药物防治程序见表9-3。

表9-3 土鸡场药物防治程序

病 名	预防和治疗
鸡白痢和大肠杆菌病	1~25日龄土鸡，氟苯尼考1%~1.2%饮水，连用5~6天；再用盐酸土霉素0.02%~0.05%拌料，连用5~7天
大肠杆菌和支原体病	20~35日龄土鸡，用磺胺类药物，如磺胺间甲氧嘧啶（SMM）或磺胺对甲氧嘧啶（SMD）0.05%~0.1%拌料，连用5~7天；然后用泰乐菌素0.05%~0.1%饮水或罗红霉素0.005%~0.02%饮水，连用5~7天
组织滴虫病	要注意雏鸡的驱虫，一般15日龄土鸡可用丙硫苯咪唑5毫克/千克体重进行驱虫。发生本病时，对鸡群可使用甲硝唑（灭滴灵），按0.025%的比例拌料，连喂2~3天；对个别重症病鸡可用本药1.25%悬浮直接滴服，用量为1毫升/只，每天2~3次，连用2~3天

（续）

病　　名	预防和治疗
球虫病	鸡只在 2 周龄后可将马杜霉素、氨丙啉等添加在饲料中，定期预防；发病时可用磺胺五甲氧嘧啶、常山酮、青霉素等进行治疗
绦虫病	每批鸡要定期驱虫 2～3 次，发病时可用氯硝柳胺 100～300 毫克/千克体重，丙硫苯咪唑 10 毫克/千克体重进行治疗；预防用量减半
蛔虫病	每批鸡要定期驱虫 1～2 次；发病时可用左旋咪唑、丙硫苯咪唑 10 毫克/千克体重，枸橼酸哌嗪 250 毫克/千克体重进行治疗；预防用量减半

提示

　　土鸡用药一定要遵守《食品动物禁用的兽药及其他化合物清单》《无公害食品蛋鸡饲养中允许使用的药物饲料添加剂》《无公害食品肉鸡饲养中允许使用的药物饲料添加剂》等规定，科学合理使用药物，避免药物残留。

第二节　常见病诊治

一、营养代谢病

　　营养代谢性疾病是营养紊乱和代谢紊乱疾病的总称。营养紊乱是因动物所需的某些营养物质的量供应不足或过多，或者因某些营养物质过量而干扰了另一些营养物质的吸收和利用进而引起的疾病。代谢紊乱则是因体内一个或多个代谢过程异常改变而导致内环境紊乱进而引起的疾病。

1. 痛风症

　　鸡痛风是由蛋白质代谢障碍引起的一种高尿酸血症。临床表现为腿、趾、翅、关节肿胀，站立及运动困难，厌食和腹泻等。其病理特征为血液的尿酸水平增高，在关节囊、关节软骨、内脏表面、肾小管及输尿管中有大量尿酸盐沉积。本病主要见于鸡、火鸡、水禽，鸽子偶有发生。

　　（1）病因　病因目前尚不十分清楚，多数学者认为可能与维生素 A 缺乏，饲喂高蛋白、高钙日粮，各种疾病引起的肾脏机能障碍等因素有关。当机体内尿酸量增加，或者肾脏机能不全时，势必造成高尿酸血症。尿酸即以盐的形式在浆膜的表面、关节及软骨表面、肾小管和输尿管沉积下来，也可形成尿路结石，从而引起内脏型痛风或关节型痛风。

（2）临床表现和病理变化　本病多呈慢性经过。患病鸡表现精神不佳，食欲减退，逐渐消瘦，冠苍白，周期性体温升高，排出白色、稀糊状的粪便，内含大量尿酸盐。血液中尿酸水平可升至 15 毫克/100 毫升以上。但有学者研究发现，一些健康鸡的尿酸水平有时也可高达 40 毫克/100 毫升，说明其正常变动范围是很大的，故血液中尿酸水平升高并不能作为有力的诊断依据。

① 内脏型痛风（图 9-1）。比较多见，主要表现为营养障碍、腹泻、增重缓慢和产蛋量下降等，但临床上通常不易被发现。死亡后剖检可见胸膜、腹膜、肺脏、心包、肝脏、脾脏、肠及肠系膜的表面散布一层石灰样的白色、雪片状或絮状的尿酸盐。肾脏肿大或萎缩，外表面可见有条纹状、点状的白色斑块；输尿管扩张变粗，其内充满石灰样尿酸盐沉渣或"痛风石"。

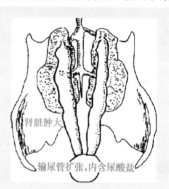

肾脏肿大

输尿管扩张，内含尿酸盐

图 9-1　内脏型痛风

② 关节型痛风（图 9-2）。患病鸡表现运动障碍，跛行，不能站立，常蹲坐于地上或呈独肢站立姿势。腿和翅关节肿大，跖趾关节尤为明显。起初肿胀软而痛，以后逐渐形成硬结节肿胀，疼痛变得不太明显。结节有黄豆大或蚕豆大，分布于关节周围。病程稍久，结节软化或破裂，排出灰黄色、干酪样物质，局部形成溃疡。剖检时，切开肿胀关节，可见关节腔内沉积有白色、黏稠的液状物，其内含有大量的尿酸、尿酸铵、尿酸钙和由它们形成的结晶，常常将其称之为"痛风石"。

关节肿胀变形

关节肿胀变形

图 9-2　关节型痛风

（3）**诊断**　依据病因、病史、特征性临床症状和病理变化，一般可做出诊断。为了做出明确诊断，应进行实验室检查。

（4）**防治**　痛风属营养代谢性疾病，以药物和手术治疗很难奏效，只有加强饲养管理，杜绝本病的发生才是解决问题的根本办法。

治疗时，可试用苯基喹啉羟酸 0.2 ~ 0.5 克/（只·天），分 2 次口服或拌料喂给。注意伴有肝脏、肾脏疾病的鸡只禁用。也可试用别嘌呤醇（7-碳-8 氯次黄嘌呤）10 ~ 30 毫克/（只·次），每天 2 次，口服。用药期间可导致急性痛风发作，给予秋水仙碱 50 ~ 100 毫克/（只·次），每天 3 次，能使症状得到缓解。但该治疗方法费用昂贵，并且安全性较差，应谨慎使用。中药车前草和车前子对痛风症有较好的疗效。当鸡群发生痛风时，可将车前子按每只鸡 2 克/天，研末拌入饲料中喂给，连喂 5 ~ 7 天，可取得良好效果。

2003 年 4 月豫北某土鸡群发生痛风症，对该场所用饲料和饲养管理技术进行了深入的调查和分析，采取了如下措施：停用由广东某饲料厂提供的高钙、高蛋白质饲料配方，换用按品种饲养标准设计的新饲料配方，并将鸡的日喂料量降至 123 克/只；终止原来的控制饮水，改为全天供应清洁饮水等。一周后，鸡群健康状况明显好转，因痛风引起的死亡停止；两周后，鸡群基本恢复健康，产蛋率和种蛋合格率逐渐上升至该品种标准，以后该场再无痛风症的发生。

2. 脂肪肝出血综合征

脂肪肝出血综合征又称脂肪综合征。本病是产蛋鸡、种鸡产蛋期的一种营养代谢病。本病多发生于炎热季节，以笼养的高产鸡群或产蛋高峰期鸡群多发，发病鸡鸡体营养状况良好，大多为突然死亡，剖检可见肝脏肿大、黄染、破裂出血，切开肝脏常见有微细脂滴溢出。

（1）**病因**　发生本病的主要原因是由于限制饲养措施不当或饲料中蛋白质与能量比不合适，使鸡只食入的碳水化合物明显超量，使肝脏脂肪含量显著增加。试验还证明，肝脏脂肪变性的程度与能量饲料的种类密切相关，从饲料中获得的碳水化合物比获得的脂肪对肝脏的危害更大。笼养时，鸡的活动受到限制，能量消耗减少，加之采食量过高，又吃不到其他动物的粪便而缺乏 B 族维生素，就可促使脂肪肝出血综合征的发生。高温环境使维持体温的能量消耗减少，可进一步加重肝脏的代谢压力，促使病情加重和死亡。所以，脂肪肝出血综合征主要发生于炎热的高温季节。

另外，所有增加肝脏负担，损伤肝脏的因素，如黄曲霉毒素、红青霉毒素、菜籽饼中的芥子酸等都可促使脂肪肝出血综合征的发生。

脂肪是以脂蛋白的形式由肝脏进入血液，由血液转运至脂肪组织和卵巢的。如果鸡只摄取不到足够的蛋白质，可使脂蛋白的合成减少；饲料中缺乏合成脂蛋白所需的维生素 E、生物素、胆碱、B 族维生素和甲硫氨酸等亲脂因子时，同样可使脂蛋白的合成受阻。产蛋鸡摄入的能量过多，使肝脏合成脂肪的原料大为增加，超出了肝脏的处理能力。所有这些都可造成脂肪浸润，从而形成脂肪肝出血综合征。

（2）**临床表现和病理变化** 发病和死亡的鸡，多数是肥胖的产蛋母鸡。发病率为 50% 左右，死亡率约为 6%。鸡群的产蛋率明显下降，往往突然发病，患病鸡喜欢卧于地上，腹部膨大下垂，鸡冠苍白；嗜睡、瘫痪，体温达 41.5~42.8℃，进而鸡冠及腿、趾变冷，可在数小时内死亡，病程一般为 1~2 天。

血清胆固醇高达 605~1148 毫克/100 毫升（正常为 112~316 毫克/100 毫升）；血钙增高至 28~74 毫克/100 毫升（正常为 15~26 毫克/100 毫升），血浆雌激素增高，平均含量为 1019 微克/毫升（正常为 305 微克/毫升）；病鸡肝脏的糖原和生物素含量很低。

病死鸡的皮下、腹腔及肠系膜均有大量的脂肪沉积。肝脏肿大，边缘钝圆，呈黄色油脂状，表面有出血点或白色坏死灶，质地脆弱，易破碎，切开肝脏时，在刀刃的表面留有一层脂肪，手触切面有明显的油腻感。有时鸡由于肝脏发生破裂而出血，在肝脏周围会有大小不等的血液凝固块。

（3）**诊断** 有经验者根据发病特点、临床症状、病理剖检变化、血液检查即可做出诊断。

（4）**防治** 若在鸡群中发现因脂肪肝出血综合征死亡的病鸡，应立即对所有鸡只采取防治措施，这是因为大部分鸡都呈现亚临床症状。

发病鸡群，在日粮中补加氯化胆碱 22~110 毫克/千克体重，连续饲喂 1 周，对鸡体的恢复有一定帮助。但也有人认为，应用胆碱和肌醇是没有效果的。国外有人推荐补加维生素 B_{12}、维生素 E 和胆碱可取得较好的效果。美国研究发现，在日粮中补加氯化胆碱 1 克/千克饲料、维生素 E 粉 10 国际单位/千克饲料、维生素 B_{12} 0.012 毫克/千克饲料和肌醇 0.9 克/千克饲料，连续饲喂 1~2 周可取得一定效果。

摄入能量过多是引起本病的主要因素，所以在炎热季节到来之前应调整饲料配方，降低代谢能水平，提高粗蛋白质含量也就成为治疗和预防本病的首选措施。

制定科学的限制饲养方案，将鸡群的平均体重控制在品种标准体重的范围内，也可有效地预防脂肪肝出血综合征的发生。

案例　笔者曾碰到一个存栏达 5 万多套的种鸡饲养场暴发脂肪肝出血综合征。我们对其饲料配方进行认真的分析后，发现能量水平过高，于是建议降低日粮中的代谢能水平，适当提高粗蛋白质的含量，并为其制定了限饲方案。1 周左右，因脂肪肝出血综合征引起的死亡逐渐停止，鸡群状况迅速好转，产蛋率也由 65.8% 猛增至 73.2%，达到了该品种的生产标准。

3. 维生素 D 缺乏症

维生素 D 是家禽骨骼、喙和蛋壳形成中所必需的物质。维生素 D 的缺乏，使家禽的钙、磷的吸收和利用不能正常进行，发生以骨骼、喙和蛋壳形成受阻为特征的维生素 D 缺乏症。

（1）**病因**　维生素 D 缺乏症的病因分析见表 9-4。

表 9-4　维生素 D 缺乏症的病因分析

缺乏因素	病因分析
日粮中维生素 D 供应不足	土鸡维生素的营养需要量没有国家标准，只有品种标准，不同品种的标准不同，但一般都在 3 000~3500 国际单位/千克。1.0 国际单位相当于 0.0025 微克结晶维生素 D_3 或 10 微克结晶维生素 D_3，相当于 400 国际单位维生素 D。土鸡对维生素 D 的需要量还随日粮中钙、磷的总量与比例、太阳直接照射鸡体的时间而变化，雏鸡每天照射 40~50 分钟日光就能正常生长。日粮中有效磷少则维生素 D 需要量增加，有效磷满足需要时则维生素 D 的需要量相对的较少。因此，在生产实践中要根据具体情况灵活掌握维生素 D 的用量，否则，易造成缺乏症或过多症

173

（续）

缺乏因素	病因分析
消化机能障碍	鸡群患有肠炎、腹泻、肝脏疾病等，使肠壁吸收发生障碍，导致维生素 D 的绝对摄入量减少而造成不足或缺乏
饲料混合不当或保存时间过长	试验证明，将维生素 D 混合于氯化钠、碳酸钙、贝壳粉、乳清粉或矿物质混合物中，经 3 周后，大部分维生素 D 被破坏；添加有油脂的日粮，储存期超过 1 个月时，其中的维生素 D 大部分可被氧化而破坏
肝脏、肾脏疾病	维生素 D 经肠道吸收后以脂肪酸酯的形式储存于脂肪组织和肌肉组织中。在钙、磷代谢过程中，则被运至肝脏，在肝脏内转化为 25 - 羟钙化醇，再经肾脏皮质转化为具有活性的1，。25 - 二羟钙化醇，发挥其对钙、磷代谢的调节作用。因此，肝脏、肾脏存在疾病时或肾脏中缺乏 1 - 羟化酶系统时，即使使用大量维生素 D 也会表现为缺乏症

（2）**临床表现和病理变化** 雏鸡维生素 D 缺乏通常在 2～3 周龄时出现明显的临床症状，除生长发育迟缓、羽毛生长不良外，主要呈现以骨骼钙化不良为特点的佝偻病。表现为骨骼变形、胸廓狭窄、肋骨与肋软骨相接处形成球状肿胀、脊柱变形、胸骨脊呈"S"状弯曲；胫骨及跖骨常呈弧状弯曲，喙软，有"橡皮喙"之称；行走极其吃力，身体向两边摇摆，移几步后即以跗关节着地式伏下。

产蛋期母鸡往往在维生素 D 缺乏后 2～3 个月才开始出现临床症状，产薄壳蛋和软壳蛋，产蛋率明显下降，种蛋孵化率下降。有的母鸡可出现暂时性的行走困难，严重的表现为"企鹅"状姿势，鸡喙、趾和胸骨变软，胸骨脊常弯曲，肋骨与脊椎骨接合部向内凹陷，呈现肋骨内向弧形的特征。

（3）**诊断** 根据临床症状与病理表现结合常年舍饲，如饲料中未添加或添加维生素 D 的量不正常可做出明确诊断。

（4）**防治** 首先应消除病因，治疗消化道疾病和肝脏、肾脏疾病。对病鸡单独一次大剂量喂给 15000 国际单位维生素 D_3，比在饲料中混入大剂量维生素 D_3 更易收到疗效。生长期种鸡的需要量为 2750～3000 国际单位，产蛋期种鸡的需要量则为 3000～3300 国际单位，平时在配制饲料时应及时供给以防发生维生素 D 缺乏。但应注意，不可长期大剂量添加维生素 D，以防过量发生中毒。

二、传染病

1. 鸡新城疫

鸡新城疫是由鸡新城疫病毒引起的一种急性、接触性的烈性传染病，以呼吸困难、下痢、神经机能紊乱、黏膜和浆膜出血为特征。鸡新城疫发病急、传播快、死亡率高，严重危害着养鸡业的发展和经济效益。

（1）病原　鸡新城疫的病原体为腮腺炎病毒属的鸡新城疫病毒，鸡新城疫病毒对各种理化因素的抵抗力较强，但对热的抵抗力较弱。太阳光直射 30 分钟便可死亡，加热到 70℃经 2 分钟或 100℃经 1 分钟就能将其杀死；在低温条件下可生存较长时间，在 0～4℃可存活 6～12 个月，－20℃可存活 1～3 年。该病毒对常用消毒剂的抵抗力不强，2%氢氧化钠、1%臭药水、1%来苏儿、3%苯酚、1%～2%甲醛溶液在数分钟至 20 分钟内都可将其杀死。

（2）流行病学　鸡、火鸡、珍珠鸡及野鸡对本病均有易感性，其中以鸡的易感性最高。不同年龄鸡的易感性也不一样，幼雏和中雏的易感性最高，成年鸡的易感性则较低。近年来，鹌鹑和鸽自然感染而暴发新城疫，并引起大批死亡的事件时有发生。本病的主要传染源是病鸡和带病毒鸡。病鸡和带病毒鸡通过分泌物和排泄物将病毒排出体外，污染环境、饮水、饲料、地面和笼具等，健康鸡通过吸入被污染的空气，经呼吸道而感染；也可因摄入被污染的饮水和饲料，经消化道而感染。吸血昆虫叮咬、皮肤外伤、自然交配和人工授精等也可造成感染。此外，病鸡和带病毒鸡所产的种蛋也可带有该病毒，在孵化时可造成胚胎感染。

鸡新城疫一年四季都可发生，但以春秋两季发生较多，在夏、冬季则较少发生。典型的鸡新城疫发病率和死亡率常可达 80%～90%；温和型的发病率和死亡率则较低。

（3）临床表现和病理变化　自然感染的潜伏期一般为 3～5 天，按病程长短，可分为最急性、急性和慢性 3 种类型。

① 最急性。多见于疫病的流行初期，突然发病，往往没有发现任何症状而突然死亡。

② 急性。鸡新城疫的常见类型，体温升高达 43～44℃，食欲减退或废绝，精神沉郁，离群呆立，羽毛松乱，缩颈闭目，鸡冠、肉髯呈紫红色或紫黑色；呼吸困难，甩头，发出"咕咕"声或"咯咯"声，时有打喷嚏和吞咽动作；嗉囊内充满气体或液体，倒提鸡时，从口中流出大量

浅黄色酸臭黏液；排出稀便，有时带有血液；产蛋鸡的产蛋量下降或停产，软壳蛋增多；多在2~5天死亡。

③ 慢性。多由急性型转变而来，初期症状与急性型大致相同，以后逐渐出现神经症状。一肢或两肢僵硬、瘫痪，不能站立或跛行，两翅下垂，站立不稳，常做转圈、后退运动，头向后仰或扭向一侧，经过7~10天，甚至1个月以上才死亡，或者耐过。

（4）诊断 根据流行病学和临床症状一般可做出初步诊断，要做出确切诊断需进行实验室检查。

（5）预防 预防措施如下：

① 加强管理。平时加强饲养管理，注意鸡舍的通风换气，定期清理鸡舍，保持鸡舍干净、卫生，并执行严格的消毒措施。

② 严格隔离。禁止非生产人员进入饲养区和鸡舍，特别要谢绝一切参观者。生产管理人员、车辆、用具进入饲养区和鸡舍前均应进行严格消毒。

③ 疫苗接种。土鸡场要制定科学的免疫程序，并严格执行，适时接种疫苗。目前，我国应用的鸡新城疫疫苗有弱毒活苗（弱毒疫苗）和灭疫苗（死疫苗）两大类。

（6）治疗 目前，对鸡新城疫尚无可靠的治疗方法，严格执行综合预防措施是唯一行之有效的方法。在发病早期，可使用鸡新城疫高免血清、高免蛋黄抗体进行治疗。高免蛋黄抗体1~2毫升/千克体重，肌内注射，1次/天，连用3~5天，可减轻症状，降低死亡率，收到一定治疗效果。

2. 禽流感

禽流感又称欧洲鸡瘟或真性鸡瘟，是由A型流感病毒引起的一种急性、高度接触性和致病性传染病。该病毒不仅血清型多，而且自然界中带病毒动物多、毒株易变异，这为禽流感病的防治增加了难度。

（1）病原 禽流感病毒是正黏科流感病毒属的成员，根据流感病毒核蛋白和基质蛋白的不同，流感病毒分A、B、C三型。A型主要感染鸡类。

禽流感病毒对高温耐受力差，加热56℃3分钟、60℃10分钟、70℃2分钟即可灭活；直射的阳光经40~48小时可灭活病毒。氢氧化钠、消毒灵、百毒杀、漂白粉、福尔马林、过氧乙酸等多种消毒剂在常用浓度下可有效杀灭病毒。堆积发酵家禽粪便，需10~20天可全部杀灭病毒，主要是因为禽流感病毒对低温和潮湿有较强的抵抗力，存活时间较长。粪便中的病毒在4℃温度下可存活30~35天，20℃下存活7天；病毒在冷冻的鸡肉和骨髓中可存活10个月。常可从有水禽活动的湖泊及池塘的水中分离到禽流感病毒。

（2）**流行病学**　禽流感病毒在低温下抵抗力较强，故冬季和春季容易流行。各种品种和不同日龄的禽类均可感染（火鸡和鸡最易感）；尚未发现本病的发生与家禽性别有关，并且发病急、传播快、致死率可达100%。在禽类中主要依靠水平传播，如空气、粪便、饲料和饮水等。

（3）**临床表现和病理变化**　临床表现和病理变化如下：

① 高致病性。防疫过的出现渐进式死亡，未防疫的出现突然死亡和高死亡率，可能见不到明显症状之前就已迅速死亡。喙发紫，窦肿胀，头部水肿，肉冠发绀、充血和出血；腿部也可见到充血和出血；体温升高达43℃，采食量下降或不食，可能有呼吸道症状，如打喷嚏、窦炎、结膜炎、鼻分泌物增多、呼吸极度困难、甩头，严重的可窒息死亡；肉髯发绀，呈黑红色，眼睑水肿、流泪；有的出现绿色下痢，蛋鸡产蛋率明显下降，甚至绝产，蛋壳变薄、破蛋、沙皮蛋、软蛋、小蛋增多；腹部皮下有黄色胶冻样浸润，全身浆膜、肌肉出血；心包液增多呈黄色，心冠脂肪及腹壁脂肪出血；肝脏肿胀，肝叶之间出血；气囊炎；口腔黏膜、腺胃、肌胃角质层及十二指肠出血；盲肠扁桃体出血、肿胀、突出表面；腺胃糜烂、出血，肌胃溃疡、出血；头骨、枕骨、软骨出血，脑膜充血；卵泡变性，输卵管退化，卵黄性腹膜炎，输卵管内有蛋清样分泌物；胰腺有点状白色坏死灶；个别肌胃皮下出血。

② 温和型。产蛋率突然下降，蛋壳颜色变浅、变白；排白色稀粪，伴有呼吸道症状；胰脏上有白色坏死点；卵泡变形、坏死，往往伴有卵黄性腹膜炎。

（4）**诊断**　根据流行特点、临床表现和病例变化可以做出初步诊断，确诊需要实验室检验。

（5）**预防**　预防措施如下：

① 加强对禽流感流行的综合控制措施。不从疫区或疫病流行情况不明的地区引种或调入鲜活禽产品。控制外来人员和车辆进入土鸡场，确实需要进入则必须消毒；不混养家畜家禽；保持饮水卫生；粪尿污物做无害化处理（家禽粪便和垫料堆积发酵或焚烧，堆积发酵不少于20

天）；做好全面消毒工作。流行季节每天可用过氧乙酸、次氯酸钠等开展 1～2 次带鸡消毒和环境消毒，平时每 2～3 天带鸡消毒 1 次；病死鸡不能在市场上流通，必须进行无害化处理。

② 免疫接种。某一地区流行的禽流感只有 1 个血清型，接种单价疫苗是可行的，这样可有利于准确监控疫情。当发生区域不明确血清型时，可采用多价疫苗免疫。疫苗免疫后的保护期一般可达 6 个月，但为了保持可靠的免疫效果，通常每 3 个月应加强免疫 1 次。免疫程序：首免为 5～15 日龄，每只 0.3 毫升，颈部皮下注射；二免为 50～60 日龄，每只 0.5 毫升；三免于开产前进行，每只 0.5 毫升；产蛋中期的鸡，在 40～45 周龄可进行四免。

（6）治疗 禽流感发生后，严重影响鸡的生长，影响种鸡的产蛋和蛋壳质量，发生高致病性禽流感必须扑杀，发生低致病性的一般也没有饲养价值，也要淘汰。

3. 传染性法氏囊病

传染性法氏囊病是由禽双链 RNA 病毒属的传染性法氏囊病病毒引起的雏鸡的一种急性、高度接触性传染病，以发病率高、病程短、剧烈腹泻、迅速衰竭及胸肌、腿肌出血为特征。雏鸡感染后，可导致免疫抑制，使多种疫苗免疫失败。

（1）病原 传染性法氏囊病的病原体为禽双链 RNA 病毒属的传染性法氏囊病病毒。该病毒对各种理化因素的抵抗力较强，能在鸡舍内长期存在。该病毒特别耐热，56℃维持 3 小时病毒效价不受影响，70℃维持 30 分钟才可灭活病毒。病毒对常用消毒剂有较强的抵抗力，0.5% 苯酚溶液作用 1 小时仍有传染性，而 0.5% 氯胺、0.2%～0.3% 过氧乙酸在数分钟内可杀死该病毒。

（2）流行病学 传染性法氏囊病病毒的自然宿主主要限于鸡和火鸡。不同品种的鸡均可发病，病的发生与日龄有着密切关系，在自然状态下，主要发生于 2～15 周龄，以 3～6 周龄为发病高峰期。有母源抗体的幼雏，4 周龄以前可得到保护而不发病，其发病日龄可推迟到 5～8 周龄。本病的发生无季节性，只要有易感雏鸡存在，全年都可发病。病禽和隐性感染的带病毒禽是本病的主要传染源。病禽和隐性感染的带病毒禽通过分泌物和排泄物将病毒排出体外，污染环境、饮水、饲料、地面和笼具等，健康鸡通过吸入或接触被污染的空气，经呼吸道或眼结膜而感染；也可因摄入被污染的饮水和饲料，经消化道而感染。本病具有高度接触传染性，可在感染鸡和易感鸡群之间迅速传播。同鸡舍中易感雏鸡在短时间内染病，邻近鸡舍1～2周后发病。本病在易感鸡群中的发病率很高，可达80%～100%，死亡率不高，一般为4%～5%，有时可达30%～35%。在环境卫生条件较差、消毒制度不规范或继发其他传染病时，病死率会大幅度上升。

（3）临床表现和病理变化　传染性法氏囊病的潜伏期为1～5天，表现为突然发病，病鸡食欲减退，精神沉郁，双翅下垂，羽毛散乱无光泽，喙常放入翅下，畏寒而聚集于热源处，不愿活动而呆立，不断啄自己的泄殖腔。病初排黄色稀粪，继之出现白色、水样下痢，泄殖腔周围的羽毛被粪便污染；病程约1周，出现症状后1～2天开始死亡，死前表现出食欲废绝、畏光、脱水、震颤和衰竭；4～6天达到死亡高峰，以后逐渐减少，8～9天即停息。剖检可见尸体明显脱水，胸肌和腿部肌肉有条状或斑块状出血，腺胃有出血点或出血斑，盲肠扁桃体肿大，并有出血点；法氏囊肿大到正常的2倍或更大，变为浅黄色，切开法氏囊可见黏膜皱褶上有大量点状、斑块状或条状出血，囊腔内有大量果酱样黏液，或者有坏死的干酪样物或奶油样物；严重者，法氏囊肿大和出血，呈紫葡萄状，切开后整个法氏囊呈紫红色。

（4）诊断　根据流行病学、临床症状和典型的病理解剖学变化即可做出确切诊断。

（5）预防　预防措施如下：

①隔离卫生。平时加强饲养管理，注意鸡舍的通风换气，定期清理鸡舍，保持鸡舍干净、卫生，并定期以0.5%氯胺、0.2%～0.3%过氧乙酸溶液进行带鸡消毒；禁止非生产人员进入饲养区和鸡舍，生产管理人员、车辆、用具进入饲养区和鸡舍均应进行严格消毒。

②疫苗接种。土鸡场要制定科学的免疫程序，并严格执行，适时接种疫苗。

种鸡的免疫接种：雏鸡在10～14日龄时用活苗首次免疫，10天后进行二次饮水免疫，然后在18～20周龄和40～42周龄注射灭活苗各免疫1次。

商品土鸡：在种鸡已经进行很好的免疫接种的条件下，商品土鸡在10～14日龄时进行首次饮水免疫，隔10天进行二次饮水免疫；种鸡产蛋前没有免疫接种，商品土鸡在5日龄时用弱毒苗滴口，再于15日龄、32日龄分别进行免疫接种。

（6）治疗　治疗方法如下：

① 保持适宜的温度（气温低的情况下适当提高舍温）。每天带鸡消毒；适当降低饲料中蛋白质的含量。

② 注射高免卵黄抗体。20 日龄以下注射 0.5 毫升/只，20～40 日龄为 1.0 毫升/只，40 日龄以上为 1.5 毫升/只，病重者再注射 1 次。与新城疫混合感染时，可以注射含有新城疫和法氏囊抗体的高免卵黄抗体。

③ 饮水中加入硫酸安普霉素［1 克/（2～4）千克水］或强效阿莫仙［1 克/（10～20）千克水］或杆康（乳酸环丙沙星、硫酸新霉素、头孢噻肟钠、磷霉素钙、减耐因子、特异增效剂）、普杆仙（主要成分为阿莫西林、舒巴坦钠）等复合制剂防治大肠杆菌病。

④ 饮水中加入肾宝（主要是淫羊藿、肉苁蓉、山药等优质名贵药材）或肾肿灵（乌洛托品、钾、钠等）或肾可舒（乌洛托品、亚硒酸钠维生素 E、枸橼酸钠、护肾精华、排毒肽等）等消肿、护肾保肾；加入速溶多维。

4. 传染性喉气管炎

传染性喉气管炎是由传染性喉气管炎病毒引起的一种急性、高度接触性呼吸道传染病，以呼吸困难、咳嗽，咳出含有血液的渗出物，喉部和气管黏膜肿胀、出血并形成糜烂为特征。传染性喉气管炎传播快，死亡率高，严重危害着养鸡业的发展和经济效益。

（1）病原　传染性喉气管炎的病原体为疱疹病毒科类传染性喉气管炎病毒属中的鸡疱疹病毒 I 型（传染性喉气管炎病毒）。传染性喉气管炎病毒只有 1 个血清型，但不同毒株的致病力不同，给本病的控制带来一定困难。该病毒的抵抗力不强，55℃ 条件下只能存活 10～15 分钟，煮沸立即死亡。对一般消毒剂都敏感，如 3% 来苏儿、1% 氢氧化钠溶液、3% 过氧乙酸等 1 分钟即可杀死该病毒，低温冻干后在冰箱中可存活 10 年。

（2）流行病学　在自然条件下，该病主要侵害鸡，野鸡、孔雀、幼火鸡也可感染，而其他禽类和实验动物则有抵抗力。不同年龄的鸡均敏感，但以成年鸡的临床症状最具特征。病鸡和康复后的带病毒鸡是主要的传染源，它们通过咳嗽和呼吸道分泌物排出大量病毒，污染饲料、饮水、空气和垫料，健康鸡可通过吸入被污染的空气、摄入被污染的饲料和饮水而感染。

本病一年四季都可发生，在秋季、冬季和早春寒冷及气候多变季节发病较多。严寒、拥挤、鸡舍通风不良、维生素和矿物质缺乏及疫苗接种等均可促进本病的发生。本病在鸡群内传播很快，鸡的感染率可达90%，病死率一般为10%~20%，最急性型的可达50%~70%，高产的成年鸡病死率较高，慢性或温和型的死亡率约为5%。

（3）**临床表现和病理变化**　自然感染的潜伏期一般为6~12天。在流行初期，常有急性型病鸡突然死亡，继之，在鸡群中出现有明显症状的病鸡。病鸡初期鼻孔流出半透明分泌物，双目流泪，眼结膜发炎，分泌物增多；逐渐表现出特征性的呼吸道症状，呼吸时发出湿性啰音、咳嗽、气喘，病鸡蹲伏于笼架内或地面上，每次吸气时，头颈向前、向上伸直，张口用力吸气，有喘鸣叫声；严重者高度呼吸困难、痉挛性咳嗽，常咳出带有血液的黏液，有时死于窒息。打开口腔时，可见喉部黏膜上有浅黄色凝固物附着，不易擦去，病鸡食欲减退或消失，迅速消瘦，鸡冠发紫，有时排出绿色稀粪，产蛋鸡的产蛋量迅速减少或停止，最后多因衰竭而死。病程长短不一，最急性型病鸡24小时左右死亡，一般为5~10天，有的则较长，有些可逐渐康复成为带病毒者。

在弱毒株感染时，流行比较缓和，发病率低，症状不明显，病鸡仅表现出精神沉郁，无精打采，生长缓慢，产蛋率上升缓慢；并常伴有结膜炎、鼻炎、气管炎及眶下窦肿大等症状。病程较长，死亡率较低，大部分病鸡可以耐过；若有继发感染时，死亡率增加。

（4）**诊断**　根据流行病学、临床症状和典型的病理解剖学变化即可做出确切诊断。

（5）**预防**　预防措施如下：

①隔离卫生。平时加强饲养管理，注意鸡舍的通风换气，定期清理鸡舍，保持鸡舍干净、卫生，并执行严格的消毒措施；耐过的康复鸡在一定时间内还可以带病毒、排病毒。所以，土鸡场要执行严格的隔离制度，不得让易感鸡与康复鸡接触。

②疫苗接种。用传染性喉气管炎弱毒活疫苗滴鼻、点眼或饮水接种，于28日龄进行首免，6周后进行二免，免疫时最好按疫苗说明书进行。

（6）**治疗**　到目前为止，本病尚无特异性的治疗方法。对发病鸡群加强消毒、投服抗菌药物，对防止继发感染和并发症有一定效果，可大幅度减少死亡。

①严格消毒。鸡群发病后，每天应以1%聚维酮碘溶液、3%过氧乙

酸溶液等带鸡喷雾消毒 1～2 次，以杀灭鸡舍内的病毒。

②投服抗菌药物。发病鸡群可以用阿莫西林可溶性粉剂、头孢羟氨苄可溶性粉剂或多西环素可溶性粉剂混饮或混饲，对防止继发感染和并发症有较好效果。

③中药治疗。在生产实践中，许多人用清热解毒、利咽清喉的牛黄解毒丸、喉症丸等中成药来治疗传染性喉气管炎，均取得了一定的效果。

5. 传染性支气管炎

传染性支气管炎是由冠状病毒属的传染性支气管炎病毒所引起的鸡的一种急性、高度接触性呼吸道传染病，以咳嗽、打喷嚏和发出呼噜音为特征。雏鸡还见流鼻液，产蛋鸡的产蛋率下降，蛋壳质量变差等。患肾型传染性支气管炎的病鸡，肾脏肿大，有大量尿酸盐沉积，呈"花斑肾"样外观。本病具有高度传染性，因病原为多血清型，而使免疫接种复杂化。感染鸡生长发育受阻，耗料增加，产蛋率和蛋的品质下降，死亡淘汰率升高，常常给养鸡业造成巨大的经济损失。

（1）病原 传染性支气管炎的病原体为冠状病毒属的传染性支气管炎病毒。

病毒对各种理化因素的抵抗力不强，多数病毒株在 56℃经 15 分钟灭活，-20℃可保存 7 年之久。病毒对一般消毒剂敏感，0.1% 高锰酸钾、1% 来苏儿、1% 苯酚、1% 福尔马林溶液等均能于 3～5 分钟将其杀死。

（2）流行病学 本病仅发生于鸡，小的野鸡也可感染发病，其他家禽均不感染。各种年龄的鸡均可感染发病，但以无母源抗体的 1～4 周龄雏鸡最为严重，死亡率也较高。有母源抗体的雏鸡有一定的抵抗力（约 4 周），母源抗体消失后进入易感状态。病鸡和康复后的带病毒鸡是主要的传染源，它们通过咳嗽和呼吸道分泌物从呼吸道排出大量病毒，经空气飞沫传染给易感鸡，数日内传遍全群。此外，也可通过被污染的饲料、饮水及饲养工具等间接地经消化道传染。酷暑、严寒、拥挤、鸡舍通风不良、维生素和矿物质缺乏及疫苗接种等均可促进本病的发生。病鸡与易感鸡同舍饲养，传播迅速，感染后 48 小时内出现症状。

本病的流行无季节性，一年四季均可发生，并且传播迅速，几乎在同一时间内有接触史的易感鸡都可发病。肾型传染性支气管炎病在每年 3～5 月、9～11 月为发病高峰期。14～35 日龄的雏鸡发病最多，发病率为 30%～40%，死亡率可达 25% 以上。

（3）临床表现和病理变化 潜伏期一般为 1～7 天，平均为 3 天。在无前驱症状的情况下，突然发生呼吸症状，并迅速波及全群。幼雏表现为伸颈、张口呼吸、咳嗽，鼻孔流出浆液性分泌物，病鸡发出特殊的呼吸音，尤以夜晚听得更清楚。随着病情的发展，全身症状加重，精神沉郁，食欲减退或废绝，羽毛松乱，双翅下垂，呈昏睡状，畏寒而聚集于热源处，不愿活动而呆立。2周龄以内的病雏鸡，还可见鼻旁窦肿胀，流出黏液性鼻漏，双眼流泪，眼圈周围潮湿，病雏逐渐消瘦等症状。2月龄以上的青年鸡和成年鸡发病时，主要表现为呼吸困难，咳嗽，打喷嚏，气管有啰音，一般少见鼻腔有分泌物；产蛋率下降25%～50%，软壳蛋、畸形蛋增多，蛋壳粗糙，好像有石灰沉积于蛋壳表面一样，蛋清稀薄如水，蛋清与蛋黄分离。

剖检可见鼻腔、气管、支气管黏膜充血、肿胀，有许多浆液性或干酪样分泌物，气管下端和支气管中有黏液堵塞；雏鸡鼻腔、鼻旁窦黏膜充血、肿胀，含有黏稠分泌物；产蛋母鸡腹腔内有液状或凝固的卵黄物质，卵泡充血、出血。肾型传染性支气管炎病，除轻微的呼吸道症状外，主要病变是肾脏肿大数倍、苍白，肾小管内充满尿酸盐结晶，使肾脏呈"花斑肾"样外观。

（4）**诊断**　根据流行病学、临床症状和典型的病理解剖学变化即可做出确切诊断。

（5）**预防**　预防措施如下：

① 隔离卫生。禁止非生产人员进入饲养区和鸡舍，生产管理人员、车辆、用具进入饲养区和鸡舍均应进行严格消毒；平时加强饲养管理，注意鸡舍的通风换气和保暖，定期清理鸡舍保持鸡舍干净、卫生，定期以0.1%高锰酸钾、1%苯酚溶液等进行消毒。

② 疫苗接种。种鸡在开产前要接种传染性支气管炎油乳苗。肉仔鸡7～10日龄使用传染性支气管炎弱毒苗（H120）点眼、滴鼻，间隔2周再用传染性支气管炎弱毒苗（H52）饮水；或若有其他类型在本地区流行，可在7～10日龄使用传染性支气管炎弱毒苗（H120）点眼、滴鼻，同时注射复合传染性支气管炎油乳苗。

（6）**治疗**　到目前为止，本病尚无特异性的治疗方法。对发病鸡群加强消毒，增加多种维生素、口服补液盐、供给充足的清洁饮水，可提高鸡的抗病力，有利于康复；投服抗菌药物，对防止继发感染和并发症有一定效果，可大幅度减少死亡。对肾型传染性支气管炎使用中药肾肿灵、车前子散拌料混饲，能够提高肾脏功能，加速尿酸盐的排出，减轻肾脏负担，可显著缩短病程，降低病死率。

6. 鸡痘

鸡痘是由鸡痘病毒引起鸡的一种接触性传染病。

（1）病原 鸡痘的病原体为禽痘病毒属中的鸡痘病毒。该病毒对外界自然因素有较强的抵抗力。上皮细胞屑和痘结节中的病毒在常温下可存活数个月，阳光照射数周仍可保持活力，60℃加热20分钟才能杀死该病毒，-15℃条件下保存多年仍有致病性。该病毒对各种消毒剂的抵抗力不强，1%氢氧化钠、1%醋酸、0.1%升汞溶液均可在5~10分钟将其杀死。

（2）流行病学 本病主要发生于鸡和火鸡，鸭、鹅的易感性则较低。各种品种、不同年龄、不同性别的鸡均可感染发病，但以雏鸡和育成鸡最常发病，病情也较严重，死亡率也较高。

本病一年四季都可发生，但以寒冷的冬、春季发生较多。在秋季和冬初发生皮肤型鸡痘较多；而冬季则以黏膜型（鸡白喉）为多。鸡痘是通过健康鸡与病鸡的接触而传播，病鸡脱落和散碎的痘痂是散播病毒的主要方式。一般是经过损伤的皮肤和黏膜而感染，蚊子及鸡体表的寄生虫也可通过叮咬而传播本病。饲养管理粗放，鸡舍潮湿、阴冷，通风不良，维生素缺乏、环境卫生条件差等均可诱发或促使鸡痘的发生。

（3）临床表现和病理变化 潜伏期为4~8天，依据侵害部位不同，可分为皮肤型、黏膜型和混合型3种。

① 皮肤型。可发生于不同年龄的鸡，主要侵害无毛或毛疏的皮肤，如鸡冠、肉髯、眼睑和喙角，也可发生于肛门周围、翅下、腹部及腿等处。初期为灰白色小结节，渐变成红色的小丘疹，很快增大如绿豆大的痘疹，痘疹为黄色或灰黄色，凹凸不平，呈干硬结节。痘疹多时，常相互融合，形成干燥、粗糙、呈棕褐色的大疣状结节，突出于皮肤表面。痘痂可存留3~4周之久，以后逐渐脱落，留下一个平滑的灰白色疤痕，病情较轻者可不留疤痕。皮肤型鸡痘一般比较轻微，不出现全身症状。但病情严重的病鸡，尤其是幼雏鸡可表现出精神沉郁、食欲减退或消失、体重下降等，甚至可引起死亡；产蛋鸡的产蛋率下降。

② 黏膜型。此型多发于小鸡，病死率可达50%。此种鸡痘的病变主要在口腔、咽喉和气管的黏膜表面。病初为鼻炎症状，2~3天后在黏膜表面出现黄白色的小结节，稍突出于黏膜表面，继之小结节逐渐增大并相互融合在一起，形成一层黄白色干酪样的伪膜覆盖在黏膜表面，若用

镊子撕去伪膜，则露出红色的溃疡面。随着病情的发展，伪膜不断扩展、增厚，阻塞口腔和咽喉部，使病鸡呼吸和吞咽困难，病鸡往往张口呼吸，发出"咯咯"的声音。病鸡采食困难，体重迅速下降，精神沉郁，羽毛粗乱，最后多因窒息而死亡。

③ 混合型。本类型是指皮肤和黏膜同时发生痘疹，病情较严重，死亡率也较高。

（4）诊断 根据流行病学、临床症状和典型的病理解剖学变化即可做出确切诊断。

（5）预防 预防措施如下：

① 加强管理。平时应加强饲养管理，供给鸡群全价饲料和充足的清洁饮水，注意鸡舍的通风换气，防止鸡体发生外伤；饲养区和鸡舍每天必须进行打扫和清理，保持干净、卫生，定期以1%氢氧化钠、1%醋酸溶液等进行消毒。

② 免疫接种。目前用于预防鸡痘的疫苗有鸡痘鹌鹑化弱毒疫苗和鸽痘病毒疫苗两种，常用的为鸡痘鹌鹑化弱毒疫苗。按标签注明只份，用生理盐水稀释，用鸡痘刺种针蘸取疫苗，在翅内侧无血管处皮下刺种。20～30日龄的雏鸡刺1针，30日龄以上的鸡刺2针。接种后3～4天刺种部位出现轻微红肿、结痂，10～14天可产生免疫力，14～21天痂皮脱落，雏鸡免疫期为2个月，育成鸡为5个月，60天后，应再免疫1次。

（6）治疗 到目前为止，本病尚无特异性的治疗方法。发病鸡群加强消毒，增加多种维生素、口服补液盐、供给充足的清洁饮水，可提高鸡的抗病力，有利于康复。

① 皮肤型鸡痘一般不需要治疗。若治疗，可用1%高锰酸钾溶液冲洗痘痂，用镊子剥离痂皮，伤口涂以碘酊或甲紫（龙胆紫）药水。

② 黏膜型鸡痘，可用镊子剥离伪膜，然后涂布碘甘油，或者撒布冰硼散。

7. 支原体感染（慢性呼吸道病）

支原体感染是由多种禽支原体引起的鸡和火鸡的一种接触性、慢性呼吸道传染病，其临床特征为发病缓慢，病程长，病鸡咳嗽，流鼻液，喘气和呼吸啰音，鸡生长发育不良，母鸡的产蛋量下降。

（1）病原 从家禽分离到的支原体有10多种，大体上可分为病原性和非病原性两群，已确认为病原性的有3种。一是引起鸡呼吸道病和火鸡副鼻窦炎的鸡毒支原体（MG）；二是引起鸡和火鸡关节滑膜炎的滑膜支原体（MS）；三是引起火鸡气囊炎的火鸡支原体（MM）。其中以鸡毒支原体的危害最大。

支原体对外界环境条件的抵抗力不强，在室温条件下可存活6天，在水中很快死亡，鸡粪中在20℃温度下可存活1~3天，加热至50℃经20分钟可将其杀死；但在低温条件下可存活较长时间，如－30℃条件下可存活1~2年。支原体对理化因素的抵抗力较弱，常用的消毒剂均能在很短的时间内将其杀死。支原体对新霉素、青霉素类、磺胺类药物不敏感；对土霉素、金霉素、红霉素、氯霉素、泰乐菌素和恩诺沙星、甲磺酸达氟沙星、左旋氧氟沙星等敏感。

（2）流行病学 鸡和火鸡最易感染，鹌鹑、珍珠鸡、孔雀、鸽也可感染。各年龄的鸡和火鸡均具有易感性，但以纯种鸡、1~2月龄的雏鸡易感性最高，发病后的死亡率也较高。成年鸡多呈隐性经过。病鸡和带菌鸡是主要的传染源，它们通过咳嗽和打喷嚏将病原体排出体外，污染空气、饲料、饮水和饲养工具，易感鸡通过吸入被污染的空气经呼吸道而感染，被支原体污染的饲料、饮水和饲养工具也可使本病由一个鸡群传至另一个鸡群。带菌种蛋传染是促成本病代代相传或传播到远处的主要原因。带菌的种公鸡精液中也可能带菌，通过交配传播病原。本病一年四季都可发生，但以寒冷的冬、春季发生较多。发病率可达90%以上，但病死率较低，一般为5%~10%，生长鸡可达30%以上。

（3）临床表现和病理变化 潜伏期为10~21天。本病主要发生在1~2月龄的生长鸡，病鸡先是鼻孔流出浆液性或黏液性鼻液，打喷嚏，鼻孔周围和颈部羽毛常被沾污；逐渐炎症蔓延至下呼吸道，出现咳嗽、呼吸困难，呼吸有气管啰音，在很远的地方即可听到，夜间听得更清晰；病鸡食欲不振，生长发育缓慢，逐渐消瘦；继之，鼻腔、眶下窦内蓄积大量渗出物，引起眼睑肿胀，眼球突出，眼球因受压迫而发生萎缩或导致失明，一侧或两侧眼睛可同时受害。

成年鸡的症状与生长鸡基本相似，但较缓和，甚至不明显。病鸡食欲不振，体重下降，母鸡的产蛋量下降，不愿行走，常呆立不动；病愈康复鸡可获得一定的免疫力，但可长期带菌，产下的鸡蛋也含有支原体，若作为种蛋，可成为鸡群中散播本病的传染源。本病常呈慢性经过，病程可长达1个月以上。

剖检可见鼻腔、眶下窦黏膜水肿、充血、出血，窦腔内蓄积大量黏性或干酪样渗出物。喉头、气管内充有透明或混浊的黏液，黏膜表面有灰白色、珠状的干酪样物，气管黏膜肿胀增厚，肺脏充血、水肿，伴有不同程度的肺炎。胸部气囊呈现纤维素性炎症，气囊壁增厚、混浊，有黄色泡沫状液体，病程较久者，气囊壁上附着有黄色干酪样渗出物，如炒鸡蛋样。严重的慢性病例，眶下窦黏膜发炎，窦腔内积有混浊黏液或干酪样渗出物，炎症蔓延至眼睛时，可见一侧或两侧眼部肿大，眼球破坏，剥开眼结膜可以挤出黄色的干酪样物质。患支原体关节炎病的鸡，关节肿大，关节囊滑液膜发炎，切开关节囊时，流出黏稠、混浊、灰白色液体，有时见干酪样物，关节面粗糙不平或有绒毛样增生物。

（4）**诊断** 根据流行病学、临床症状和典型的病理解剖学变化即可做出确切诊断。

（5）**预防** 预防措施如下：

① 加强管理。平时应加强饲养管理，供给鸡群全价饲料和充足的清洁饮水，注意鸡舍的通风换气和保暖；生产区和鸡舍每天必须进行打扫和清理，保持干净、卫生，定期以0.1%高锰酸钾、1%苯酚溶液等进行消毒。

② 预防性投药。当本地有慢性呼吸道病发生时，对鸡群应立即投给多西环素、泰乐菌素或恩诺沙星等，杀灭病原体，防止鸡群感染。

③ 种蛋消毒灭菌。为杜绝经种蛋垂直传播的机会，孵化场对进场种蛋应首先以甲醛进行熏蒸消毒，然后将种蛋预热至38℃，将预热后的种蛋放入0.04%～0.1%泰乐菌素溶液中，浸泡15～20分钟，由于温差作用，可使泰乐菌素被吸入蛋内，杀灭蛋内的支原体。这样虽然可使孵化率略有下降，但可显著降低经种蛋垂直传播的机会。

④ 疫苗接种。土鸡场要制定科学的免疫程序，适时接种疫苗。弱毒活苗由F株支原体制成。供1日龄、3日龄、20日龄雏鸡点眼接种用，无不良反应，免疫期为7个月；油佐剂灭活苗用于2月龄的种鸡和蛋鸡及开产前（15～16周龄）的免疫接种，通过肌内或皮下注射。

（6）**治疗** 治疗支原体病常用的药物有泰乐菌素、大观霉素（奇霉素）、红霉素、甲磺酸达氟沙星、左旋氧氟沙星等。无论混饮、混饲或注射均可取得良好效果。

泰乐菌素可溶性粉剂（按泰乐菌素计）400克，拌料1000千克，全群混饲，连用5～7天为1个疗程，可用2个疗程；或将泰妙菌素可溶性粉剂（按泰妙菌素计）以0.0125%～0.025%混入饮水中，供全群饮用，连用5～7天为1个疗程。或将甲磺酸达氟沙星可溶性粉剂（按甲磺酸达氟沙星计）以 0.005%~0.01% 混入饮水中，供全群饮用，连用3~5天为1个疗程。也可将左旋氧氟沙星可溶性粉剂（按左旋氧氟沙星计）以 0.005%~0.01% 混入饮水中，供全群饮用，连用 3~5 天为 1 个疗程。或用大观霉素（奇霉素）注射液按 50~100 毫克/千克体重进行肌内或皮下注射，1~2 次/天，连用 3~5 天。

8. 禽霍乱（禽巴氏杆菌病）

禽霍乱是由多杀性巴氏杆菌引起的主要侵害鸡、鸭、鹅、火鸡等禽类的一种接触性传染病。临床上多呈败血症经过，发病率和病死率都很高。也有呈慢性经过的，其特征是鸡冠、肉髯肿胀、化脓，关节发炎等，病死率较低。

（1）病原　病原为巴氏杆菌属中的多杀性巴氏杆菌。巴氏杆菌对各种理化因素和消毒剂的抵抗力不强，在直射阳光下 10 分钟，或在 56℃条件下 15 分钟，均可被杀死。在鸡粪中可存活 30 天，在干燥的空气中 2~3 天可死亡。用 3% 苯酚、3% 福尔马林、10% 石灰乳、2% 来苏儿、1% 氢氧化钠溶液，5 分钟可杀该菌。巴氏杆菌对青霉素类、氨基糖苷类、四环素类抗生素及磺胺类、喹诺酮类抗菌药物等敏感。

（2）流行病学　各种家禽和野禽都能感染，鸡、鸭、鹅、火鸡等最易感染。试验动物中的小鼠、家兔、豚鼠等均可感染，也可引起人的伤口感染。雏鸡对巴氏杆菌有一定的抵抗力，感染较少发生，3~4 月龄的育成鸡和产蛋鸡较容易感染发病。病鸡和带菌鸡是主要的传染源，它们可通过粪便、分泌物排出病菌，污染环境、饮水、饲料和饲养用具等。健康鸡可因摄入被污染的饮水、饲料经消化道而感染；也可通过吸入被污染的空气而感染；有时也可通过皮肤、黏膜的伤口而感染。吸血昆虫作为媒介可将病菌由病鸡传播给健康鸡。

本病一年四季都可发生和流行。但以春季、秋季气候多变季节较多发生。禽霍乱多是自然发生的，有时可能是由外传入的，从外地购入病鸡或带菌鸡都可带入本病。禽霍乱是一种条件性传染病，在健康鸡的呼吸道内常存在该菌。当饲养管理不当，营养失衡，维生素、矿物质、蛋白质缺乏，以及天气突然发生变化，长途运输等应激因素影响下，鸡体抵抗力下降，细菌即可乘机侵入机体，经淋巴液而进入血液，发生内源性传染。鸡群密度过大，鸡舍通风不良，寒冷、闷热、舍内尘埃飞扬，突然更换饲料等更易引发本病。一般情况下，不同畜、禽间不易相互传染。在极少数情况下，猪巴氏杆菌病可传染给水牛，水牛和黄牛之间可相互传染，而禽与兽之间的相互传染极为少见。

（3）临床症状和病理变化 自然感染的潜伏期为 2 ~ 9 天，根据病程的长短，一般分为最急性型、急性型和慢性型 3 种类型。

① 最急性型。常发生于病的初期，病鸡常无明显症状而突然倒地，双翅扑腾几下就死了。剖检可见心外膜有小出血点，肝脏表面有散在的灰黄色或灰白色的点状坏死灶。

② 急性型。在流行过程中最为常见，病鸡体温升高达 43 ~ 44℃，食欲减退或废绝，羽毛松乱，双翅下垂，缩颈闭目，呆立不动，呼吸急促，鼻和口中流出混有泡沫的黏液；常有剧烈腹泻，粪便初期呈灰黄色而稀软，继之变为污绿色或红色水样；鸡冠和肉髯发绀呈黑紫红色，肉髯肿胀、发热而有痛感，最后衰竭而死，病程为 1 ~ 3 天。剖检可见鼻腔内有黏液，皮下和腹腔中的脂肪、肠系膜、浆膜表面有大小不等的出血点，胸腔、腹腔、气囊和肠系膜上常有纤维素性或干酪样渗出物。肠黏膜充血、出血，肠内容物含有血液；肝脏呈棕红色至紫红色，肿大质脆，表面散在分布有许多小米粒大的灰白色坏死灶；呼吸道和肺脏充血、出血；心外膜有许多出血点，心包积液，并混有纤维素，冠状沟和心内膜有大小不等的出血点。

③ 慢性型。多见于流行后期或常发地区，以鸡冠、肉髯脓肿，慢性呼吸道炎症和慢性胃肠炎多见。有的病鸡由于巴氏杆菌侵入关节，引起趾部关节和翼部关节肿大，发生跛行或翅下垂，有的病鸡发生结膜炎或鼻窦炎，双目流泪，鼻流黏液，咽喉部蓄积大量分泌物。病程达 1 个月有余，一些可自然康复，但大多数以死亡而告终。剖检以呼吸道炎症为主的病例可见鼻腔、气管呈卡他性炎症，腔内含有许多分泌物，肺脏变硬。

（4）诊断 根据流行病学、临床症状和病理解剖学变化可做出初步诊断，确切诊断需要进行细菌学检查。

（5）预防 预防措施如下：

① 加强饲养管理。喂给全价饲料和充足的清洁饮水，注意鸡舍的通风、防暑和保暖，定期清理鸡舍，并进行消毒。

② 进行免疫接种。在有禽霍乱流行的地区应考虑以弱毒菌苗或灭活菌苗进行免疫接种。禽多杀性巴氏杆菌病活菌苗，用 20% 铝胶生理盐水稀释为每 0.5 毫升含 1 只份，2 月龄以上的育成鸡用 0.5 毫升/只，颈部皮下注射，免疫期为 4 个月；禽多杀性巴氏杆菌病油乳剂灭活菌苗，

2月龄以上的育成鸡用1毫升/只，颈部皮下注射，免疫期为6个月。

（6）治疗 治疗禽巴氏杆菌病常用的药物有青霉素类、四环素类抗生素及磺胺类、喹诺酮类抗菌药物等。无论混饮、混饲或注射均可取得良好效果。

用青霉素钠50000国际单位/千克体重，加注射用水溶解后，胸部肌内注射，2次/天，连续应用3~5天；或头孢噻呋钠100毫克/千克体重，加注射用水溶解后，胸部肌内注射，2次/天，连续应用3~5天；或阿莫西林可溶性粉剂（按阿莫西林计）按10~15毫克/（千克体重·次），拌料混饲，2次/天，连用3~5天；或将盐酸恩诺沙星可溶性粉剂（按盐酸恩诺沙星计）7.5毫克/千克体重，拌料混饲或加入水中混饮，连用3~5天。

9. 鸡白痢

由鸡白痢沙门氏菌所引起的鸡病称为鸡白痢。

（1）病原 沙门氏菌的形态和染色特性与大肠杆菌相似，呈直杆状，革兰氏染色呈阴性。沙门氏菌对各种理化因素具有一定的抵抗力，在外界环境中可生存数周或数月。对常用消毒剂的抵抗力不强，一般常用的消毒剂和消毒方法均可在很短的时间内达到消毒目的。沙门氏菌对四环素类、氨基糖苷类、多肽类抗生素及磺胺类、喹诺酮类抗菌药物等敏感。

（2）流行病学 沙门氏菌属中的许多类型对禽类均有致病性，各年龄的禽均可感染，但幼禽较成禽更易感。禽沙门氏菌病常形成相当复杂的传播循环，病禽和带菌禽是主要的传染源。有多种传播途径，最常见的是通过带菌种蛋而传播。带菌种蛋孵化时，有的形成死胚，有的孵出带菌雏鸡。带菌雏鸡的粪和绒毛中含有大量沙门氏菌，能污染环境、饮水、饲料和饲养用具等。健康禽可因摄入被污染的饮水、饲料经消化道而感染；也可通过吸入被污染的空气而感染。与带菌雏鸡一起饲养的健康雏鸡可通过消化道，有时也可经呼吸道或眼结膜而感染。被感染的雏鸡若不加以治疗或治疗不彻底，则大部死亡；耐过的雏鸡可长期带菌，成年后又产下带菌种蛋，则可周而复始地代代相传。

本病一年四季都可发生和流行。一般呈现散发或地方流行性。

（3）临床表现和病理变化 本病主要发生于鸡，也可感染火鸡、鸭、珍珠鸡、孔雀、鹌鹑、麻雀和鸽等。各种品种、不同年龄的鸡对本病均有易感性，但以2~3周龄的雏鸡的发病率和病死率为最高，常呈流行性。成年鸡感染多呈慢性或隐性经过。存在本病的土鸡场，雏鸡的发病率一般为20%～40%，但在新发病的土鸡场，其发病率和病死率特别高，有时可高达100%。本病在雏鸡和成年鸡中所表现的症状和病程有显著的不同。雏鸡和火鸡具有相似的症状，潜伏期为4～5天，出壳后感染的雏鸡，多在孵出后几天才出现明显症状；7～10天后鸡群中病雏逐渐增多，在2～3周内达到高峰。发病雏鸡呈最急性者，无明显症状即迅速死亡；病情稍缓者表现为精神沉郁，绒毛粗乱，两翅下垂，缩颈闭目，呆立不动，恶寒怕冷，拥挤在一起，食欲减退或废绝，多数出现软嗉症状；排出灰白色、糨糊状稀粪，肛周围的绒毛被粪便污染，有的因粪便干结，封住肛门使病雏无法排粪；由于肛周炎引起疼痛，病雏常发出尖锐的叫声，最后因呼吸困难及心力衰竭而死亡。有的病雏还可出现失明或跛行，病程为4～7天，耐过的雏鸡生长发育不良，成为慢性患者或带菌鸡。

（4）**诊断**　根据流行病学和临床症状可做出初步诊断，确切诊断需要进行实验室检查。

（5）**预防**　预防措施如下：

① 严格检疫。对引进的种蛋或雏鸡均要进行严格检疫，发现带菌种蛋或带菌雏鸡应予以退货，以防将病原带入土鸡场。

② 育雏管理。保持育雏舍清洁、干燥，温度、湿度恒定，勤换垫草，严格控制饲养密度，雏鸡群不得密度过高，以防造成拥挤。

③ 注意消毒　孵化室、孵化器、运雏箱、雏鸡舍及一切育雏工具应经常进行清洗和消毒。不能用喷雾消毒的，可采用甲醛熏蒸消毒。

（6）**治疗**　治疗禽沙门氏菌病常用的药物有四环素类、氨基糖苷类、多肽类抗生素及磺胺类、喹诺酮类抗菌药物等。无论混饮、混饲或注射均可取得良好效果。

每1000千克饲料中添加复方硫酸黏菌素预混剂（以硫酸黏菌素计）10～20克，拌料，全群混饲，连用3～5天；或用硫酸新霉素预混剂（以硫酸新霉素计）20毫克/千克体重，全群拌料混饲，2次/天，连续应用3～5天；或将25%多西环素可溶性粉剂100克拌入100千克饲料中，全群混饲，连用3～5天；或将25%多西环素可溶性粉剂100克加水200升，全群混饮，连用3～5天；或用盐酸恩诺沙星可溶性粉剂（以盐酸恩诺沙星计）按7.5毫克/千克体重，全群拌料混饲，连用3～5天。

10. 大肠杆菌病

大肠杆菌病是由一定血清型的大肠埃希菌引起禽的一种传染病，临床上以出血性肠炎、败血症、呼吸道炎、输卵管炎、眼炎、关节炎、肿头为特征。近些年来，在我国较多的养鸡场均有发生，并有明显增多的趋势，已成为严重危害养鸡业的主要疾病之一。

（1）病原 大肠杆菌的抗原由菌体抗原（O 抗原）、荚膜抗原（K 抗原）和鞭毛抗原（H 抗原）组成，可分为不同的血清型。国内不同的地区从鸡分离的大肠杆菌，其血清型也不完全一样，同一地区不同养鸡场的血清型也不完全一致，甚至一个养鸡场也可存在多个血清型。

大肠杆菌存在于鸡的肠道内，随着粪便不断排出体外，养鸡场、孵化场等处都有大量的大肠杆菌存在。大肠杆菌对自然环境的抵抗力很强，在鸡舍、粪便、尘埃、垫料、孵化室、孵化器、破壳蛋等环境中，可存活数周至数月之久，成为环境中的常在菌。大肠杆菌对常用消毒剂的抵抗力不强，一般常用的消毒剂和消毒方法均可在很短的时间内达到消毒目的。大肠杆菌对四环素类、氨基糖苷类、多肽类抗生素及磺胺类、喹诺酮类抗菌药物等敏感。

（2）流行病学 大肠杆菌病可发生于不同日龄的鸡，但以 3 ~ 6 周龄的雏鸡多发。病禽和带菌禽是主要的传染源，通过粪肥、分泌物、病死鸡尸体排出病菌，污染环境、饮水、饲料和饲养用具等。健康鸡可因摄入被污染的饮水、饲料经消化道而感染；也可通过吸入被污染的空气而感染。当种鸡卵巢和输卵管受到感染，或者种蛋蛋壳被大肠杆菌污染时，也可通过种蛋垂直传播，引起胚胎死亡及雏鸡发病。

大肠杆菌病一年四季均可发生。但以春季、秋季气候多变季节较多发生。饲养管理粗放，鸡舍潮湿、阴冷，通风不良，环境卫生条件差等均可诱发或促使大肠杆菌病的发生。本病的发生贯穿整个养殖周期，而且常与其他疾病并发或继发，其危害甚大。一个养鸡场的饲养管理越差，环境卫生不良，大肠杆菌病越易发生，也越为严重，并且较难治疗。因此，大肠杆菌病的发病率和死亡率除与菌株毒力及有无并发、继发疾病相关外，还与饲养管理、卫生管理、鸡舍条件等密切相关。发病率为 5% ~50%，病死率为 4% ~40%。

（3）临床表现和病理变化 潜伏期从数小时至 3 天不等。急性型病鸡体温升高，常无腹泻症状而死亡。经种蛋感染的或蛋壳被大肠杆菌严重污染的，除引起孵化后期胚胎死亡和孵化率降低外，孵出的雏鸡也较弱，在1周内可因脐带炎等发生急性大批死亡。慢性型病鸡精神沉郁，羽毛松乱，两翅下垂，闭目呆立，腹部胀满，剧烈腹泻，粪便为灰白色，有时混有血液，死前出现神经症状，卧地抽搐或转圈运动，病程可拖延十余天，有的可见全眼球炎。成年鸡发病后，多表现为关节滑膜炎（双翅下垂、肢体不能站立）、输卵管炎和腹膜炎等。

剖检病鸡，因年龄、病程的不同，可见下列不同的病理变化。急性败血症：心包腔积液，心外膜、心内膜、肠壁有明显的小出血点，肠黏膜表面有大量黏液，脾脏肿大数倍。气囊炎：气囊壁增厚，表面附着有灰白色的纤维素性渗出物，并伴有心包炎和肝周炎，心包膜和肝被膜上附着有纤维素性伪膜，心包膜增厚，心包液增多、混浊，肝脏肿大，被膜增厚，被膜下散在分布有大小不等的出血点和坏死灶；输卵管炎和腹膜炎产蛋鸡发病时，可见输卵管壁增厚，有畸形蛋阻滞，甚至有卵破裂溢于腹腔内，腹腔内积有大量混浊的腹水，其内含有干酪样物，腹膜表面附着有灰白色渗出物。肉芽肿：生前多无特征性症状；剖检可见肝脏、十二指肠、盲肠、肠系膜上出现有针尖至核桃大小的肉芽肿。

（4）**诊断** 根据流行病学、临床症状和典型的病理解剖学变化即可做出确切诊断。

（5）**预防** 预防措施如下：

① 加强管理和严格消毒。方法同鸡白痢。

② 免疫接种。用鸡大肠埃希菌病灭活苗0.5毫升/只，1月龄以上的鸡进行颈部皮下注射，免疫期为4个月。由于大肠埃希菌的血清型众多，最好从本养鸡场的鸡分离大肠埃希菌制苗，这样针对性强，免疫效果较好。

（6）**治疗** 治疗大肠杆菌病常用的药物有四环素类、氨基糖苷类、多肽类抗生素及磺胺类、喹诺酮类抗菌药物等。无论混饮、混饲或注射均可取得良好效果。

将盐酸恩诺沙星可溶性粉剂（以盐酸恩诺沙星计）7.5毫克/千克体重，全群拌料混饲，连用3~5天；或用25%多西环素可溶性粉剂100克拌料100千克，全群混饲，连用3~5天；或将25%多西环素可溶性粉剂100克加水200升，全群混饮，连用3~5天；或用硫酸新霉素预混剂（以硫酸新霉素计）20毫克/千克体重，全群拌料混饲，2次/天，连续应用3~5天。

第九章

三、寄生虫病

1. 鸡球虫病

鸡球虫病是养禽业中一种主要的常见疾病，它对养鸡生产的危害十分严重，分布很广，世界各地普遍发生，15～50日龄的雏鸡发病率高，死亡率可高达80%，病愈的雏鸡生长发育受阻，长期不能康复。成年鸡多为带虫者，影响增重和产蛋率。

（1）**病原**　世界报道的寄生在鸡体的艾美耳球虫约有14种，但为世界所公认的有8种，我国已发现7种。

（2）**流行病学**　鸡是上述各种球虫的唯一天然宿主，不同品种所有日龄的鸡都有易感性。鸡球虫病一般暴发于3～6周龄的雏鸡，发病率和死亡率都很高；很少见2周龄以内的幼雏发病，成年鸡也几乎不发病，但多为带虫免疫者，成为病原的源泉。患球虫病的鸡和带虫鸡是传染源，它们通过粪便排出大量卵囊污染环境、饮水、饲料和饲养用具，卵囊在适宜的环境条件下发育成感染性卵囊。健康鸡因啄食感染性卵囊而发病。鸡舍潮湿、拥挤、卫生条件恶劣，以及饲养管理不当，均可促使本病的发生和传播。发病时间与气温和降水量密切相关，在我国北方，大约从4月开始到10月末为流行季节，7～8月最为严重。

> **提示**
>
> 现在一年四季都可育雏，若遇到高温高湿环境、卫生条件恶劣、饲养管理粗放，可使雏鸡的球虫病在一年四季均有发生，所以要加强防治。

（3）**临床表现和病理变化**　急性型的病程为数日至2～3周。病鸡表现为精神沉郁，羽毛粗乱，食欲不佳；排出稀便，肛门周围的羽毛沾有大量粪污，并粘连在一起。随着肠黏膜上皮细胞的大量破坏和机体中毒的加剧，病鸡肉髯、鸡冠和可视黏膜贫血、苍白。食欲大减或废绝，饮欲增加，嗉囊内充满液体，粪稀如水，并带有少量血液。较重者共济运动失调，双翅轻瘫而下垂。由柔嫩艾美耳球虫引起的盲肠球虫病，病初粪便呈咖啡色，以后变为完全的血便；末期发生痉挛和昏迷，很快发生死亡；若不及时采取有效的防治措施，病死率可达50%以上，甚至所剩无几。

慢性型多见于4月龄以上的育成鸡。症状与急性者相似，但病情较轻，病程较长，可延缓数周至数月。病鸡呈进行性消瘦，产蛋量日益下降，有间歇性下痢，很少发生死亡。剖检可见病尸鸡冠、肉髯和可视黏膜苍白，肛门周围的羽毛沾有大量粪污，常带有血液；内脏变化主要发生在肠道，其他器官一般无明显变化，肠道病变部位和程度与感染的球虫种类有关。

（4）诊断　根据流行病学、临床症状和病理剖检变化进行综合分析，一般可做出初步诊断，确切诊断需要进行粪便检查。

（5）预防　预防措施如下：

① 同龄同舍饲养。同一鸡舍内不得同时饲养雏鸡和成鸡，不同周龄的鸡必须分舍饲养，以防止球虫病的传播。鸡舍应每天清扫、更换垫料，并进行消毒。

② 尽早进行药物预防。雏鸡到场后，在开口料中就要添加抗球虫的药物，如氨丙啉、尼卡巴嗪、球痢灵、莫能菌素钠、拉沙里菌素钠等进行预防。

（6）治疗　以往是在症状出现之后，才采用抗球虫药物，如磺胺类、抗生素类或其他化学药物进行治疗，后来发现这一方法具有很大的局限性。生产实践证明，一旦出现临床症状，肠道组织已发生了严重损伤，再使用药物往往已无济于事。因此，应用药物预防也就成了控制鸡球虫的主要措施。实施治疗，应不晚于感染后 3 天，才可能降低死亡率，取得一定疗效。

用莫能菌素钠预混剂（按莫能菌素钠计）按 0.01% ~ 0.012% 全群混饲给药，连用 3 ~ 5 天；或拉沙里菌素钠预混剂（按拉沙里菌素钠计）以雏鸡 0.004% ~ 0.007% 、肉鸡 0.0075% ~ 0.0125% 、火鸡 0.011% 全群混饲给药，连用 3 ~ 5 天；或赛杜霉素钠预混剂（以赛杜霉素钠计）以肉鸡、蛋雏鸡 0.0025% 全群混饲给药，连用 3 ~ 5 天；或球痢灵预混剂（以二硝苯甲酰胺计）以 0.025% 全群混饲给药，连用 5 ~ 7 天；或磺胺喹沙啉钠可溶性粉剂（以磺胺喹沙啉钠计）按 0.25 克/千克全群混饮给药，连用 3 天，停药 2 天，再用 3 天；或磺胺氯吡嗪钠可溶性粉剂（以磺胺氯吡嗪钠计）按 0.25 克/千克全群混饮给药，连用 3 天，停药 2 天，再用 3 天。

2. 组织滴虫病

组织滴虫病又称黑头病，是由组织滴虫属的火鸡组织滴虫寄生于禽类盲肠和肝脏而引起的一种原虫病。本病以肝脏坏死和盲肠溃疡为特

征，故许多动物医学工作者将本病称为盲肠肝炎。鸡组织滴虫病在我国虽呈零星散发，但却是各地普遍发生的常见原虫病。

（1）病原　火鸡组织滴虫为多形态性虫体，大小不一，呈不规则圆形或变形虫样，伪足钝圆。

（2）流行病学　鸡、火鸡、野鸡、孔雀、鹧鸪、肉鸽、松鸡、珍珠鸡和鹌鹑等都是火鸡组织滴虫的宿主，它们均可感染火鸡组织滴虫，发生明显的临床症状，并导致死亡。对于鸡和火鸡，易感性都随着年龄而发生变化，4～6周龄的鸡、3～12周龄的火鸡，其易感性最高。成年禽的易感性则较低，发生感染时，病情一般较轻，临床症状也不明显。

病禽和带虫禽是传染源，它们通过粪便不断排出组织滴虫污染环境。但组织滴虫非常脆弱，随粪便排出后很快便死亡。因此，鸡和火鸡因吞食粪便中组织滴虫而直接感染的机会并不多。组织滴虫的连续存在是与异刺线虫和大量存在于养鸡场土壤中的蚯蚓密切相关的。当同一鸡体内同时存在有异刺线虫和组织滴虫时，后者可侵入异刺线虫的卵内，并随之排出体外。组织滴虫得到异刺线虫卵壳的保护，而不受外环境因素的损害而死亡。当鸡摄入这种虫卵时，即可同时感染异刺线虫和组织滴虫。同时，蚯蚓也可吞食土壤中的鸡异刺线虫感染性虫卵，组织滴虫随同虫卵进入蚯蚓体内，并进行孵化，新孵出的幼虫在蚯蚓组织内发育到侵袭期幼虫阶段，鸡摄食这种蚯蚓时，便可感染组织滴虫病。蚯蚓在疾病的发生和传播中起着从养鸡场环境中收集、传递异刺线虫虫卵，保护异刺线虫幼虫和组织滴虫的作用。

（3）临床表现和病理变化　组织滴虫病的潜伏期为7～12天，最短的只有5天。病鸡初期食欲减退或废绝，消化机能障碍，羽毛松乱无光，两翅下垂，恶寒，排浅黄色或浅绿色稀便；生长发育迟缓，鸡体消瘦，精神沉郁，严重时粪便带血，甚至排出大量血液。末期，一些病鸡因血液循环障碍，鸡冠呈暗黑色，因而有"黑头病"之称，最终可因极度衰竭而发生死亡。病程一般为1～3周，大多数鸡可逐渐耐过而康复，但康复鸡的体内仍存在有组织滴虫，带虫状态可达数周至数月。成年鸡很少出现临床症状。

剖检可见一侧或两侧盲肠发生病变，盲肠肠壁增厚、充血，肠腔内充满浆液性或出血性渗出物，使肠腔扩张，渗出物常发生干酪化，干酪样的渗出物或坏疽块易堵塞整个盲肠；虫体多见于黏膜固有层，有时盲肠壁穿孔，引起腹膜炎，即与邻近器官发生粘连；肝脏肿大，呈紫褐色，表面散在分布有许多黄豆至蚕豆大小的坏死灶，坏死灶边缘稍隆起，中央下陷。

（4）诊断　根据流行病学、临床症状、病理解剖学检查，一般可做出初步诊断，确切诊断需要进行实验室检查。

（5）预防　预防措施如下：

① 同龄同舍饲养。同一鸡舍内不得同时饲养雏鸡和成年鸡，不同周龄的鸡必须分舍饲养，鸡舍应每天清扫、更换垫料，并进行消毒。

② 土鸡场不养火鸡。同一土鸡场内不得同时饲养土鸡和火鸡，以避免组织滴虫病的相互传播。

③ 杀灭场区蚯蚓。放养鸡群的牧场、运动场应定期使用杀虫剂（如精制敌百虫、二嗪农、溴氰菊酯、氟胺氰菊酯等），以杀灭收集、传递异刺线虫虫卵和组织滴虫的蚯蚓。

（6）治疗　治疗组织滴虫病的药物很多，以二甲硝咪唑预混剂（按二甲硝咪唑计）在 1000 千克饲料中加入 500 克（500 毫克/千克），混合均匀后，全群混饲，连续应用 3 ~ 5 天；或将甲硝唑（灭滴灵）250 克混入 1000 千克饲料中，全群混饲，连续应用 5 ~ 7 天；或将呋喃唑酮（痢特灵）300 ~ 400 克混入 1000 千克饲料中，全群混饲，连续应用 7 天，停药 1 周后改用 100 克/1000 千克饲料。

3. 鸡蛔虫病

鸡蛔虫病是由禽蛔属的鸡蛔虫寄生于鸡的小肠而引起的一种寄生虫病，本病广泛分布于世界各地，在我国鸡蛔虫病也是遍及各地、最常见的一种寄生虫病。在大群饲养的情况下，尤其是地面饲养的鸡群，感染十分严重，影响雏鸡的生长发育、产蛋鸡的产蛋率，甚至引起大批死亡，给养鸡业造成巨大的经济损失。

（1）病原　鸡蛔虫是鸡和火鸡消化道中最大的一种线虫。

（2）流行病学　不同品种和不同年龄的鸡均有易感性，但存在差异。肉用品种的鸡较蛋鸡品种的易感性较低，本地品种较外来品种的鸡的抵抗力较强；同一品种的鸡，雏鸡尤其是 3 ~ 4 月龄的雏鸡较育成鸡和成年鸡的易感性高得多，病情也较严重，5 月龄以上的鸡对感染性虫卵具有一定的抵抗力，1 岁以上的鸡常为带虫者而不发病，但可成为主要的传染源。饲养管理条件与鸡群的易感性紧密相关，饲喂全价日粮的鸡群抗感染的能力较强，其发病率较低，病情也较缓和；饲喂单一饲料或饲料配制较为单纯，营养素不完全，缺乏蛋白质、维生素或微量元素等，可使鸡群的抵抗力下降，易感性增高，其发病率较高，病情也较严重，甚至引起大批死亡。

健康鸡主要是吞食了被感染性虫卵污染的饲料和饮水而感染，在地面饲养的鸡也可因啄食了体内带有感染性虫卵的蚯蚓而感染。本病的发生以秋季和初冬为多，春季和夏季则较少。感染率和感染强度与饲养方式和饲养管理水平紧密相关。地面饲养，尤其是将饲料撒于地上让鸡采食，不设供水系统，让鸡饮用池塘水或河水的鸡群，其感染率和感染强度较高；反之，将鸡饲养于网上，饲料放置于料槽中，以饮水器供给清洁饮水的鸡群，其发病率和感染强度则明显较低。

（3）临床表现和病理变化　雏鸡表现为生长发育缓慢，精神不佳，行动迟缓，双翅下垂，羽毛松乱，呆立不动，鸡冠、肉髯、眼结膜苍白、贫血；消化机能障碍，食欲减退，下痢和便秘交替，有时粪中带有血液，有时还可见随粪便排出的虫体，病鸡逐渐衰竭而死亡。成年鸡为轻度感染，不表现症状；感染强度较大时，表现为下痢，产蛋量下降和贫血等。

（4）诊断　根据流行病学、临床症状，一般很难做出诊断。因此，必须进行粪便检查和尸体剖检。当粪便中发现大量蛔虫卵，剖检时发现大量虫体时，才能做出确切诊断。

（5）预防　预防措施如下：

① 同龄同舍饲养。同一鸡舍内不得同时饲养雏鸡和成年鸡，不同周龄的鸡必须分舍饲养，并且使用各自的运动场，以防止蛔虫病的传播。

② 加强卫生管理。鸡舍和运动场应每天清扫、更换垫料，料槽和饮水器每隔 1~2 周应以开水进行消毒 1 次。

③ 预防性驱虫。在蛔虫病流行的土鸡场，每年应定期进行 2~3 次预防性驱虫。雏鸡到 2 月龄时进行第 1 次驱虫，以后每 4 个月驱虫 1 次。

（6）治疗　治疗鸡蛔虫病的药物很多，如苯并咪唑类中的阿苯达唑、奥芬达唑、芬苯达唑、甲苯达唑、氟苯达唑等，噻唑中的左旋咪唑等，抗生素类中的伊维菌素、阿维菌素等。这些驱虫药均可拌入饲料中混饲，能溶于水的药物还可加入饮水中混饮，均可取得良好效果。

伊维菌素预混剂（按伊维菌素计）按 200~300 微克/千克体重，全群拌料混饲，1 次/天，连用 5~7 天；或以阿苯达唑预混剂（按阿苯达唑计）10~20 毫克/（千克体重·次），全群拌料混饲，必要时可隔 1 天再内服 1 次；或以盐酸左旋咪唑可溶性粉剂（按盐酸左旋咪唑计）25 毫克/（千克体重·次），全群加水混饮，一般 1 次即可，重症者 4 周后再给药 1 次；或用伊维菌素注射液 200～300 微克/千克体重，进行颈部皮下注射，用药 1 次即可，必要时 1 周后再给药 1 次。

4. 鸡螨

鸡螨是由不同属的螨虫寄生于鸡的皮肤、羽管和气囊等部位而引起的寄生虫病。本病遍布世界各地，我国各地也有发生。

（1）病原及流行病学 鸡螨的病原体主要是突变膝螨、鸡皮刺螨、鸡新棒恙螨和羽管螨等。

（2）临床表现和病理变化 螨虫的种类不同其临床表现也不相同。由突变膝螨引起的螨虫病，表现为在寄生部位的表面形成大量的皮屑和痂皮，严重寄生时可造成跛行；外观上鸡趾极度肿大，好似附着一层石灰，因此又称"鸡石灰趾"。常常严重影响鸡的运动、采食和产蛋。由鸡皮刺螨引起的螨虫病，则表现为鸡群不能正常休息，骚动不安，低声鸣叫，鸡体贫血、消瘦，不停地梳理羽毛，产蛋鸡的产蛋率下降，幼龄鸡生长发育迟缓，或可因失血过多而发生死亡。该螨虫还可传播禽霍乱和螺旋体病。由鸡新棒恙螨引起的螨虫病，由于幼螨的叮咬，鸡体患部隆起、奇痒，中间凹陷形成痘脐形病灶，病灶中央可见一小红点，用镊子夹取镜检，可见鸡新棒恙螨幼虫；大量寄生时，可见两翅内侧、胸肌两侧和腿的内侧皮肤上布满此种病灶；病鸡贫血、消瘦，羽毛松乱，精神沉郁，食欲减退或废绝，若不及时进行治疗，可发生死亡。由羽管螨引起的螨虫病，表现为背部、双翅、臀部及腹部等处的羽毛变脆、脱落，变得稀疏，剩下的羽管残干中含有呈粉末状的物质，镜检可发现大量的羽管螨。

（3）诊断 根据流行病学、临床症状，一般可做出初步诊断，确切诊断需要进行显微镜检查。

（4）预防 预防措施如下：

① 加强卫生管理。鸡舍和运动场应每天清扫、更换垫料，清除积水，始终保持养鸡环境的清洁、干燥。

② 定期喷药杀螨。养鸡场、鸡舍和运动场应定期（每隔 6～7 天）使用杀虫剂（如精制敌百虫、二嗪农、溴氰菊酯、氟胺氰菊酯等），以杀灭各种螨。

（5）治疗 被鸡皮刺螨和鸡新棒恙螨感染时，可用 0.25% 敌敌畏溶液、溴氰菊酯等杀虫剂带鸡喷雾。实行喷雾必须彻底，对鸡体、垫料、鸡巢、墙壁、栖架等都要喷到，不留死角，尤其要注意鸡体皮肤必须喷湿，否则效果不理想。被突变膝螨感染时，应先将病鸡的趾浸入温肥皂

水中，使痂皮软化后除去痂皮，再涂上 20% 硫黄软膏或 2% 苯酚软膏，间隔 2 天再涂 1 次。

伊维菌素（害获灭）注射液以 0.1 毫克/千克体重，颈部皮下注射，一次即可治愈各种螨虫引起的螨虫病，必要的情况下，7 天后可再注射 1 次。

四、中毒病及其他

1. 黄曲霉毒素中毒

黄曲霉毒素中毒是鸡的一种常见的中毒病，是由发霉饲料中霉菌产生的毒素引起的。本病的主要特征是危害肝脏，影响肝功能，导致肝脏变性、出血和坏死，腹水，脾脏肿大及消化机能障碍等，并有致癌作用。

（1）病因 黄曲霉菌是一种真菌，广泛存在于自然界，在温暖潮湿的环境中最易生长繁殖，其中有些毒株可产生毒力很强的黄曲霉毒素。当各种饲料成分（谷物、饼类等）或混合好的饲料被这种霉菌污染后，便可引起发霉变质，生成大量黄曲霉毒素。家鸡食入这种饲料可引起中毒，其中以幼龄的鸡、鸭和火鸡，特别是 2~6 周龄的雏鸡最为敏感，饲料中只要含有微量毒素，即可引起中毒，并且发病后较为严重。

（2）临床症状和病理变化 2~6 周龄的雏鸡易感，表现为沉郁，嗜睡，食欲不振，消瘦，贫血，鸡冠苍白，虚弱，尖叫，拉浅绿色稀粪，有时带血，腿软不能站立，翅下垂。成年鸡耐受性稍高，多为慢性中毒，症状与雏鸡相似，但病程较长，病情缓和，产蛋量下降或开产推迟，个别可发生肝癌，呈极度消瘦的恶病质而死亡。

急性中毒的病鸡，剖检可见肝脏充血、肿大、出血及坏死，色浅呈苍白色，胆囊充盈；肾脏苍白、肿大，胸部皮下、肌肉有时出血。慢性中毒时，常见肝硬化，体积缩小，颜色发黄，并有白色点状或结节状病灶。个别可见肝癌结节，伴有腹水；心肌色浅，心包积水；胃和嗉囊有溃疡，肠道充血、出血。

（3）防治 平时搞好饲料保管，注意通风，防止发霉。不用霉变饲料喂鸡。为防止发霉，可用福尔马林对饲料进行熏蒸消毒。

目前对本病还无特效解毒药，发病后应立即停喂霉变饲料，更换新料，饮服 5% 葡萄糖水。用 2% 次氯酸钠对鸡舍内外进行彻底消毒。中毒死鸡要销毁或深埋，不能食用。鸡粪便中也含有毒素，应集中处理，防止污染饲料、饮水和环境。

2. 异嗜癖

异嗜癖又叫啄癖、异食癖或同类残食症，是指啄肛、啄趾、啄蛋、啄羽等恶癖，大小鸡都可发生，以群养鸡多见。啄肛癖危害最大，常使被啄者死亡。

（1）病因 异嗜癖发生的原因很复杂，主要的有 3 个方面：一是饲养管理不善，如鸡群密度过大，由于拥挤使其形成烦躁、好斗的性格；成年母鸡因产蛋箱（窝）太少、简陋或光线太强，产蛋后不能较好休息而使子宫难以复位，或鸡过于肥胖、子宫复位时间太久，红色的子宫在外边裸露引起异嗜癖发生。二是饲料营养不足，如食盐缺乏，鸡就寻求咸味食物，引起啄肛、啄肉；缺乏甲硫氨酸、胱氨酸时，鸡就啄毛、啄蛋，特别是高产鸡群；某些矿物质和维生素缺乏、饲料粗纤维含量太低或限饲时，处于饥饿状态下等，都易发生本病。三是一些外寄生虫病，如虱、螨等引起局部发痒，而致使鸡只不断啄叨患部，甚至啄叨破溃出血，引起异嗜癖。四是遗传因素。白壳蛋鸡啄癖的发生率较高，特别是刚开产的新母鸡，啄肛引起病残和死亡的较多，而褐壳蛋鸡较少。

（2）预防 雏鸡在 7～10 日龄时进行断喙，育成阶段再补充断喙 1 次。上喙断 1/2，下喙断 1/3，雏鸡上下喙一齐切，断喙后的成年鸡喙呈浑圆形，短而弯曲；保持适宜环境。平养鸡舍产蛋前要将产蛋箱或窝准备好，每 4～5 只母鸡设置 1 个产蛋箱，样式要一致。产蛋箱宽敞，使鸡伏卧其内不露头尾，并放置于较安静处。饲养密度不宜过大，光照不要太强；饲料营养全面，饲料中的蛋白质、维生素和微量元素要充足，各种营养素之间要平衡。

（3）治疗 治疗方法如下：

① 可将蔬菜、瓜果或青草吊于鸡群头顶，以转移其注意力。啄肛严重时，可将鸡群关在舍内暂时不放，换上红灯泡，糊上红窗纸，使鸡看不出肛门的红色，这样可制止啄肛，待过几天啄癖消失后，再恢复正常饲养管理。

② 可在饲料中添加羽毛粉、甲硫氨酸、啄肛灵、硫酸亚铁、核黄素和生石膏等。其中以生石膏效果较好，按 2%～3% 加入饲料，喂半个月左右即可。

③ 为防止啄肛，可将饲料中食盐的含量提高到 2%，连喂 2 天，并保证足够的饮水。切不可将食盐加入饮水，因为鸡的饮水量比采食量大，易引起中毒，而且越饮越渴，越渴越饮。

④ 近年来研制出一种鸡鼻环，适用于成年鸡，发生异嗜癖时，给全部的鸡戴上，便可防止啄肛发生。

大肠杆菌病与球虫病混合感染的误诊

2011年6月1日，辉县市某土鸡养殖场购进土鸡2 300只，按常规进行了鸡新城疫、传染性法氏囊病的免疫。40日龄时鸡群开始出现病鸡，零星死亡。鸡群采食量下降，精神委顿，缩颈闭目，羽毛蓬乱，冠、肉髯苍白，鸡体消瘦、贫血。部分病鸡排黄白色、咖啡色或红色如番茄汁色稀粪。病情严重的食欲废绝，严重腹泻，高度呼吸困难，抽搐，尖叫，共济失调，瘫痪痉挛而死。根据发病鸡粪便带血的症状，认为是鸡球虫病，便立即在饲料和饮水中添加抗球虫药物进行防治。采取以上措施后病情并未得到明显好转，死亡不断发生。后经过实验室确诊为大肠杆菌病与球虫病的混合感染。

再采取措施：一是立即隔离病鸡，将病重鸡和病死鸡进行无害化处理。二是加强卫生管理，发病期间每天用0.2%百毒杀（癸甲溴铵）带鸡消毒1次；加强对粪便的处理及鸡舍空气的消毒与净化，每天清除粪便，有效地清扫鸡舍，坚持经常用1:400倍的碘制剂（聚维酮碘）带鸡喷雾消毒；定期清洗水箱和供水管道，特别是在投完可溶性粉剂药物后应及时清洗；饮水器每天至少洗刷1次，用1:2000倍碘制剂（聚维酮碘）消灭水中致病性大肠杆菌；饲料中适当增加蛋白质、电解多维等营养物质的含量，以增强机体抵抗力，进一步改善饲养管理条件，减少饲养密度。三是每千克饲料中添加阿米卡星（丁胺卡那霉素）200毫克，连用7天，诺氟沙星按100毫克/千克饮水，连用5天；之后用125～150毫克/千克的尼卡巴嗪饮水，连用5～7天。采取上述措施后，鸡群逐渐康复。

新城疫和法氏囊病混合感染的误诊

卫辉市一养鸡户饲养土鸡3100只，14日龄时开始发病，初期仅有几只表现精神沉郁，病情进一步发展，3天后鸡群采食量下降，开始出现死亡（3天约有80只鸡死亡）。病鸡初期精神沉郁，采食量下降，羽毛松乱、无光泽，畏寒战栗，啄肛，排黄色或白色水样粪便，随后开始出现蛋清样白色黏稠粪便，泄殖腔周围的羽毛被粪便污染，严重鸡只精神高度沉郁、嗜睡，最终因虚脱而死。发病后到一兽医门诊解剖病死鸡诊断为法氏囊病，推荐使用法氏囊高免卵黄抗体，每只鸡2毫升，严重者第二天再注射2毫升。结果注射后第二天，死亡不仅没有减少，反而增加，2周后鸡群才逐渐恢复，共计死亡1300多只。后实验室确诊为新城疫和法氏囊的混合感染。

本病例说明发病后要进行综合诊断，不能盲目使用卵黄抗体和药物，否则会引起大批死亡。如果确诊是新城疫和法氏囊病混合感染，应采取措施：一是全群使用含有新城疫抗体和法氏囊抗体的双抗高免卵黄或血清与植物血凝素全群胸肌注射，每只1.5毫升，先注射健康鸡，再注射病鸡，严重者第二天再注射1次。二是用含有黄芪多糖的抗病毒中药加孢类抗生素配合治疗，同时用维生素C辅助治疗。三是病愈后5~7天补种新城疫疫苗，7~10天补种法氏囊疫苗。

马杜霉素中毒案例

卫辉市一土鸡养殖场饲养土鸡3800只，20日龄开始地面放牧饲养。45日龄鸡群先后出现口流黏液、站立不稳，有的拉稀，有的侧卧；头部和尾部震颤，严重者歪头斜颈，角弓反张，倒地不起，呼吸喘促，数小时内死亡，大群鸡精神不佳。剖检病死鸡可见腺胃、十二指肠黏膜出血；肝脏肿大，呈鲜红色，有出血斑，切面多汁；心肌出血，胸肌及腿肌有条状、点状出血。3天死亡200多只。后问诊得知，放养后，鸡群中出现有拉红色稀粪的现象，之后在饲料中按照说明要求添加"抗球王"3天，仍有血粪现象，继续用药并在饮水中添加"加福"，结果2天后陆续出现病鸡，由此诊断为马杜霉素中毒。立即停

第九章

案例

喂混有马杜霉素的饲料，在饲料中添加0.1%维生素C原粉。饮水中溶入0.1%肾肿解毒药及5%葡萄糖粉，自由饮水，或饮用0.1%维生素C和5%葡萄糖水，连用2~3天，2天后无死亡，鸡群精神状态正常。

马杜霉素属聚醚类离子载体抗生素，是一类由微生物发酵产生的新型抗球虫药，对鸡的各种球虫如柔嫩、堆型、布氏、巨型、毒害、和缓等艾美耳球虫均有很强的抗球虫活性，对其他聚醚类离子载体类抗球虫药物产生抗药性的球虫仍然有效，生产中比较常用。该药毒性较大，安全范围窄，使用剂量非常接近鸡的中毒量，超量使用易引起中毒。马杜霉素推荐使用剂量是5毫克/千克饲料，如果超出使用剂量，很容易引起中毒。生产中由于拌料不匀、重复使用（如兽药市场上常以不同商品名出现，养殖场缺乏有关知识和不认真阅读说明而重复使用；饲料中添加后在饮水中再添加；饲料生产厂家已经在饲料中添加过了但没有注明，导致养殖者再次使用等）、饮水中含量过大或采食量过多（水和饲料中添加药物）等都可以引起中毒。

土鸡场球虫病反复发生的案例

案例

河北一养殖场的3500只土鸡在夏天因管理不善患上球虫病，而且反复发生3次，死亡率达到38%，造成巨大损失。30日龄时发病，3天死亡285只，诊断为球虫病，立即在饮水中使用球安宁（主要成分是地克球利），每袋100克兑水200千克集中在2~3小时饮完，以及氟尼欣（主要成分是氟苯尼考）每50克溶于150千克水中饮用，连用5天，病情得到控制；15天后又发生，立即使用球安宁和氟尼欣饮水治疗，连用5天，病情得到控制；自此17天后又复发，每升水加百球杀（主要成分是磺胺氯吡嗪）可溶性粉剂1克、恩诺沙星可溶性粉剂50毫克，连用6天，病情得到控制。后用预防量预防球虫病。

土鸡多采用地面饲养或放养，球虫病成为土鸡场的多发病。本鸡场反复发生球虫病造成巨大损失，分析其原因，主要有：其一是饲喂较多的水草、草籽及虫子，能量饲料和蛋白质饲料严重不足，营养缺乏，机体抵抗力差。其二是不注重垫料管理，夏季垫料潮湿，不及时更换和清理，导致球虫的不断滋生和繁殖。其三是不注重预防，忽视消毒和药物预防，不能及时淘汰病弱鸡等。

　　所以，土鸡场必须加强卫生管理，科学消毒，制定合理的药物预防程序，这样才能减少球虫病的发生和损失。

 **土鸡场的经营管理**

　　鸡场的经营管理是指为实现一定的经营目标，按照鸡只的生物学规律和经济规律，运用经济、法律、行政及现代科学技术和管理手段，对鸡场的生产、销售、劳动报酬、经济核算等活动进行计划、组织和调控的科学，它属于管理科学的范畴，其核心是充分、有效地利用鸡场的人力、物力和财力，以达到高产和高效的目的。土鸡场要根据市场需求和变化合理安排生产，并加强生产技术管理、计划和记录管理、经济核算等，以提高土鸡养殖效益。

第一节　生产技术管理

一、制定技术操作规程

　　技术操作规程是鸡场生产中按照科学原理制定的日常作业的技术规范。鸡群管理中的各项技术措施和操作等均通过技术操作规程加以贯彻。同时，它也是检验生产的依据。不同饲养阶段的鸡群，按其生产周期制定不同的技术操作规程，如育雏（或育成鸡，或种土鸡，或商品土鸡等）技术操作规程。

　　技术操作规程的主要内容是：对饲养任务提出生产指标，使饲养人员有明确的目标；指出不同饲养阶段鸡群的特点及饲养管理要点；按不同的操作内容分段列条、提出切合实际的要求等。

　　技术操作规程的指标要切合实际，条文要简明具体，易于落实执行。

二、制定综合防疫制度

　　为了保证鸡群的健康和安全生产，场内必须制定严格的防疫措施，规定对场内、外人员、车辆、场内环境、装蛋放鸡的容器进行及时或定期的消毒、鸡舍在空出后的冲洗、消毒，各类鸡群的免疫，种鸡群的检疫等。

三、劳动定额和劳动组织

1. 劳动定额

土鸡场的劳动定额如表10-1。

表10-1　劳动定额标准

工　　种	工 作 内 容	定额/（只/人）	工 作 条 件
土种鸡育雏育成（平养）	饲养管理，一次清粪	2500~3000	饲料到舍；自动饮水，人工供暖或集中供暖
土种鸡育雏育成（笼养）	饲养管理，经常清粪	2500~3000	
土种鸡网上-地面饲养	饲养管理，一次清粪	2500~3000	人工供料检蛋，自动饮水
土种鸡笼养	饲养管理	3000	两层笼养，全部手工操作
商品土鸡（育雏）	舍内圈养	2000	人工供暖喂料、人工饮水
商品土鸡（育肥）	圈养	2000~3000	人工喂料、自动饮水
	放养	1000~2000	人工补料、补水，其他管理
商品蛋土鸡	圈养	2500	人工喂料、自动饮水
	放养	800~1000	人工补料、补水，其他管理
孵化	由种蛋到出售鉴别雏	10000 枚/人	蛋车式，全自动孵化器
清粪	人工笼下清粪	20000~40000	清粪后人工运至200米左右

2. 劳动组织

根据规模大小合理安排劳动力，提高直接从事养鸡生产的人员比例；建立健全岗位责任制，奖勤罚懒，知人善用，充分调动饲养管理人员的劳动积极性；注重人员培训，不断提高专业技术水平。

第二节 计划和记录管理

一、计划管理

计划是决策的具体化，计划管理是经营管理的重要职能。计划管理就是根据鸡场确定的目标，制定各种计划，用以组织协调全部的生产经营活动，达到预期的目的和效果。生产经营计划是鸡场计划体系中的一个核心计划，鸡场应制定详尽的生产经营计划。

1. 鸡群周转计划

鸡群周转计划是制定其他各项计划的基础，只有制定好周转计划，才能制定饲料计划、产品计划和引种计划。制定鸡群周转计划，应综合考虑鸡舍、设备、人力、成活率、鸡群的淘汰和转群移舍时间、数量等，保证各鸡群的增减和周转能够完成规定的生产任务，又最大限度地降低各种劳动消耗。

2. 产蛋计划

商品土蛋鸡场的主要生产指标是商品蛋的产量。按照周转计划确定的每天产蛋鸡的存栏量可以计算出每天、每周、每月的产蛋量，然后可以制定全年产蛋计划。

3. 饲料计划

各种生长鸡的日耗量不同，产蛋鸡的平均日耗料量是稳定的。有了周转计划，就可以制定饲料消耗计划。

4. 其他计划

其他计划包括产品销售计划、基本建设和设备更新计划、财务计划等。

二、记录管理

记录管理就是将鸡场生产经营活动中的人、财、物等消耗情况及有关事情记录在案，并进行规范、计算和分析。记录管理有利于掌握了解土鸡场的生产经营状况以及市场的变化，有利于进行经济核算，探寻降低生产成本的途径，有利于不断提高生产和管理水平，所以要做好记录管理。

1. 土鸡场记录的内容

鸡场记录的内容因鸡场的经营方式与所需的资料而有所不同，一般应包括以下内容。

（1）生产记录

① 鸡群生产情况记录。鸡的品种、饲养数量、饲养日期、死亡淘

汰、产品产量等。

② 饲料记录。将每日不同鸡群（或以每栋或拦或群为单位）所消耗的饲料按其种类、数量及单价等记载下来。

③ 劳动记录。记载每天出勤情况，工作时数、工作类别以及完成的工作量、劳动报酬等。

（2）财务记录

① 收支记录包括出售产品的时间、数量、价格、去向及各项支出情况。

② 资产记录固定资产类，包括土地、建筑物、机器设备等的占用和消耗；库存物资类，包括饲料、兽药、在产品、产成品、易耗品、办公用品等的消耗数、库存数量及价值；现金及信用类，包括现金、存款、债券、股票、应付款、应收款等。

（3）饲养管理记录

① 饲养管理程序及操作记录饲喂程序、光照程序、鸡群的周转、环境控制等记录。

② 疾病防治记录包括隔离消毒情况、免疫情况、发病情况、诊断及治疗情况、用药情况、驱虫情况等。

（4）鸡场生产记录表格

① 育雏育成记录表格，见表10-2。

表 10-2 育雏育成周报表

周龄 1 批次＿＿ 品种＿＿ 数量＿＿ 鸡舍栋号＿＿ 填表人＿＿

日期	日龄	鸡数	死淘数	喂料量	温度	湿度	通风	光照	其他
	1								
	2								
	3									
	4									
	5									
	6									
	7									

标准体重＿＿＿＿ 平均体重＿＿＿＿ 体重均匀度＿＿＿＿

标准胫长＿＿＿＿ 平均胫长＿＿＿＿ 胫长均匀度＿＿＿＿

② 土鸡群生产周报表，见表10-3。

表10-3　土鸡群生产情况周报表

鸡种_____　入舍数_____　舍号_____　周龄__21__　饲养员_____

日期	日龄	存栏数/只	死淘数/只	产蛋数/个	合格种蛋数/个	产蛋率(%)	耗料/克	其他
	141							
	142							
	143							
	144							
	145							
	146							
	147							

本周产蛋总数_____　　入舍产蛋率_____　　饲养日产蛋率_____
本周总蛋重_____　　平均蛋重_____　　只鸡产蛋重_____
本周：总耗料_____　　只鸡耗料_____　　料蛋比_____

③产蛋和饲料消耗记录表格，见表10-4。

表10-4　产蛋和饲料消耗记录

品种_____　鸡舍栋号_____　填表人_____

日期	日龄	鸡数/只	死亡淘汰/只	饲料消耗/千克		产蛋量				饲养管理情况	其他情况
				总耗量	只耗量	数量/枚	重量/千克	破蛋率(%)	只日产蛋量/克		

④ 商品土鸡饲养记录表,见表10-5。

表10-5　商品土鸡饲养记录表

进雏时间_____　购雏种鸡场_____　数量_____　栋号_____

日期	日龄	实存数/只	死亡数/只	淘汰数/只	料号	总耗料/千克	日平均耗料/克	温、湿度	备　注

2. 鸡场记录的分析

通过对鸡场的记录进行整理、归类,可以进行分析。分析是通过一系列分析指标的计算来实现的。利用成活率、母鸡存活率、蛋重、日产蛋率、饲料转化率等技术效果指标来分析生产资源的投入和产出产品数量的关系以及分析各种技术的有效性和先进性。利用经济效果指标分析生产单位的经营效果和赢利情况,为鸡场的生产提供依据。

提示

生产中人们不重视记录管理,存在没有适用简洁的记录表格,不进行详细记录,甚至有些记录不是原始记录而是补的等,严重影响到经济核算和技术水平提高。所以,无论大企业,还是小鸡场,都要高度重视记录,做到及时准确、简洁完整、全面详细。

第三节　经济核算

一、资产核算

1. 流动资产

流动资产是指可以在一年内或者超过一年的一个营业周期内变现或

运用的资产。流动资产是企业生产经营活动的主要资产，主要包括土鸡场的现金、存款、应收款及预付款、存货（原材料、在产品、产成品、低值易耗品）等。流动资产周转状况影响到产品的成本。土鸡场要加强流动资产的管理，加速流动资产周转，主要措施如下。

（1）减少物资的积压和浪费 加强采购物资的计划性，防止盲目采购，合理地储备物质，避免积压资金，加强物资的保管，定期对库存物资进行清查，防止鼠害和霉烂变质。

（2）缩短生产周期 科学地组织生产过程，采用先进技术，尽可能缩短生产周期，节约使用各种材料和物资，减少在产品资金占用量。

（3）加强产品销售 及时销售产品，缩短产成品的滞留时间，减少流动资金占有量和占有时间。

（4）及时清理债权债务 加速应收款限的回收，减少成品资金和结算资金的占用量。

2. 固定资产

固定资产是指使用年限在 1 年以上，单位价值在规定的标准以上，并且在使用中长期保持其实物形态的各项资产。土鸡场的固定资产主要包括建筑物、道路、种鸡和蛋鸡以及其他与生产经营有关的设备，器具、工具等。

固定资产的长期使用中，在物质上要受到磨损，在价值上要发生损耗。固定资产的损耗，分为有形损耗和无形损耗两种。有形损耗是指固定资产由于使用或者由于自然力的作用，使固定资产物质上发生磨损。无形损耗是由于劳动生产率提高和科学技术进步而引起的固定资产价值的损失。固定资产的折旧与补偿。固定资产在使用过程中，由于损耗而发生的价值转移，称为折旧，由于固定资产损耗而转移到产品中去的那部分价值叫折旧费或折旧额，用于固定资产的更新改造。

土鸡场固定资产折旧的计算方法一般采用平均年限法。它是根据固定资产的使用年限，平均计算各个时期的折旧额，因此也称直线法。其计算公式：

固定资产年折旧额 ＝［原值 －（预计残值 － 清理费用）］÷
固定资产预计使用年限

固定资产年折旧率 ＝ 固定资产年折旧额 ÷ 固定资产原值 × 100%
＝（1 － 净残值率）÷ 折旧年限 × 100%

> **提示**
>
> 　　折旧费是构成产品成本的重要项目，所以，降低规定资产占用量可以减少固定资产年折旧费，也就降低产品生产成本。在资产核算中，要注意：一是根据轻重缓急，合理购置和建设固定资产，把资金使用在经济效果最大而且在生产上迫切需要的项目上；二是购置和建造固定资产要量力而行，做到与单位的生产规模和财力相适应；三是各类固定资产务求配套完备，注意加强设备的通用性和适用性，使固定资产能充分发挥效用；四是建立严格的使用、保养和管理制度，对不需用的固定资产应及时采取措施，以免浪费，注意提高机器设备的时间利用强度和它的生产能力的利用程度。

二、成本核算

　　产品的生产过程，同时也是生产的耗费过程。企业要生产产品，就是发生各种生产耗费。生产过程的耗费包括劳动对象（如饲料）的耗费、劳动手段（如生产工具）的耗费以及劳动力的耗费等。企业为生产一定数量和种类的产品而发生的直接材料费（包括直接用于产品生产的原材料、燃料动力费等）、直接人工费用（直接参加产品生产的工人工资以及福利费）和间接制造费用的总和构成产品成本。鸡场通过成本和费用核算，可发现成本升降的原因，降低成本费用耗费，提高产品的竞争能力和盈利能力。

1. 做好成本核算的基础工作

　　（1）建立健全各项原始记录　原始记录是计算产品成本的依据，直接影响着产品成本计算的准确性。所以，饲料、燃料动力的消耗、原材料、低值易耗品的领退，生产工时的耗用，畜禽变动，畜群周转、畜禽死亡淘汰、产出产品等原始记录都必须认真如实地登记。

　　（2）建立健全各项定额管理制度　土鸡场要制定各项生产要素的耗费标准（定额）。定额的制定应建立在先进的基础上，对经过十分努力仍然达不到的定额标准或不需努力就很容易达到定额标准的定额，要及时进行修订。

　　（3）加强财产物质的计量、验收、保管、收发和盘点制度　财产物资的实物核算是其价值核算的基础。做好各种物资的计量、收集和保管工作，是加强成本管理、正确计算产品成本的前提条件。

2. 鸡场成本的构成项目

（1）饲料费 指饲养过程中耗用的自产和外购的混合饲料和各种饲料原料。凡是购入的按买价加运费计算，自产饲料一般按生产成本（含种植成本和加工成本）进行计算。

（2）劳务费 从事养鸡的生产管理劳动，包括饲养、清粪、捡蛋、防疫、捉鸡、消毒、购物运输等所支付的工资、资金、补贴和福利等。

（3）新母鸡培育费 从雏鸡出壳养到140天的所有生产费用。如是购买育成新母鸡，按买价计算。自己培育的按培育成本计算。

（4）医疗费 指用于鸡群的生物制剂，消毒剂及检疫费、化验费、专家咨询服务费等。但已包含在育成新母鸡成本中的费用和配合饲料中的药物及添加剂费用不必重复计算。

（5）固定资产折旧维修费 指禽舍、笼具和专用机械设备等固定资产的基本折旧费及修理费。根据鸡舍结构和设备质量，使用年限来计损。如是租用土地，应加上租金；土地、鸡舍等都是租用的，只计租金，不计折旧。

（6）燃料动力费 指饲料加工、鸡舍保暖、排风、供水、供气等耗用的燃料和电力费用，这些费用按实际支出的数额计算。

（7）利息 是指对固定投资及流动资金一年中支付利息的总额。

（8）杂费 包括低值易耗品费用、保险费、通信费、交通费、搬运费等。

（9）税金 指用于养鸡生产的土地、建筑设备及生产销售等一年内应交税金。

以上九项构成了鸡场生产成本，从构成成本比重来看，饲料费、新母鸡培育费、人工费、折旧费利息五项价额较大，是成本项目构成的主要部分，应当重点控制。

3. 成本的计算方法

成本的计算方法分为分群核算和混群核算。

（1）分群核算 分群核算的对象是每种禽的不同类别，如种鸡群、育雏群、育成群、商品土鸡群等，按鸡群的不同类别分别设置生产成本明细账户，分别归集生产费用和计算成本。如土鸡场的主产品是种蛋、雏鸡、土鸡蛋、土鸡，副产品是粪便。鸡场的饲养费用包括育成鸡的价值、饲料费用、折旧费、人工费等。

① **鲜蛋成本** 每千克鲜蛋成本（元/千克）＝［土蛋鸡生产费用－土鸡

残值－非鸡蛋收入（包括粪便、淘汰鸡等收入）〕÷土母鸡总产蛋量（千克）。

②　种蛋成本　每枚种蛋成本（元/枚）＝〔土种鸡生产费用－土种鸡残值－非种蛋收入（包括鸡粪、商品蛋、淘汰鸡等收入）〕÷土母鸡出售种蛋数

③　雏鸡成本　每只雏鸡成本＝（全部的孵化费用－副产品价值）÷成活一昼夜的雏禽只数

④　商品土鸡成本　每只商品土鸡成本＝（基本鸡群的饲养费用－副产品价值）÷出售的商品土鸡数

⑤　育雏鸡成本　每只育雏鸡成本＝（育雏期的饲养费用－副产品价值）÷育雏期末存活的雏鸡数

⑥　育成鸡成本

每只育成鸡成本＝（育雏育成期的饲养费用－粪便、死淘鸡收入）÷育成期末存活的鸡数

（2）混群核算　混群核算的对象是每类畜禽，按畜禽种类设置生产成本明细账户归集生产费用和计算成本。资料不全的小规模鸡场常用。

①　种蛋成本　每个种蛋成本（元/个）＝〔期初存栏种鸡价值＋购入种鸡价值＋本期种鸡饲养费－期末种鸡存栏价值－出售淘汰种鸡价值－非种蛋收入（商品蛋、鸡粪等收入）〕（元）÷本期收集种蛋数。

②　土鸡蛋成本　每千克鸡蛋成本（元/千克）＝〔期初存栏蛋鸡价值＋购入蛋鸡价值＋期蛋鸡饲养费用－期末蛋鸡存栏价值－淘汰出售蛋鸡价值－鸡粪收入〕（元）÷本期产蛋总重量（千克）。

③　每只商品土鸡成本　每只商品土鸡成本（元/只）＝〔期初存栏鸡价值＋购入鸡价值＋期鸡饲养费用－期末鸡存栏价值－淘汰出售鸡价值－鸡粪收入〕（元）÷出售的商品土鸡数（只）。

提示

　　土鸡场生产的目的是为了获得较好的经济效益，要获得较好经济效益必须加强经济核算。只有通过经济核算才能找出降低成本和提高效益的途径。土鸡场要提高效益，需要做好如下工作：一是产品要适销对路；二是提高产品产量，如选择好的品种、保证鸡群健康、创造好的环境、提供充足营养等，使鸡的生产潜力充分发挥；三是要减少流动资金占有量，降低固定资产的折旧费；四是提高工作效率；五是降低饲料成本。

第十一章 养殖实例

实例一 新乡市大北农农牧有限责任公司兴辉养殖场

一、基本情况

新乡市大北农农牧有限责任公司兴辉养殖场位于辉县黄水乡白马玉村，占地面积1000多亩。600多亩地上种植核桃树，核桃树下饲养土鸡，存栏土母鸡1万只，年生产优质土鸡蛋4万千克和出售土鸡2万只。

二、总投资和收入

（一）投资

1. 基本建设投资

（1）育雏舍 300 米^2×400 元/米^2＝12 万元

（2）产蛋鸡舍 1000 米^2×200 元/米^2＝20 万元

（3）附属用房 300 米^2×400 元/米^2＝12 万元

2. 设备投资

（1）育雏笼 50 组×400 元/组＝2 万元。

（2）饮水喂料设备 10000 只×2 元/只＝2 万元。

（3）其他设备 5 万元

3. 饲料支出

（1）育雏期（0～6 周） 20000 只×1 千克/只×2.8 元/千克＝5.6 万元

（2）育成期（7～22 周龄） 20000 只×4 千克/只×2.4 元/千克＝19.2 万元

（3）产蛋期（23～60 周龄） 10000 只×18 千克/只×2.4 元/千克＝43.2 万元

4. 雏鸡支出

22000 只×1.5 元/只＝3.30 万元

5. 人工及其他支出

（1）人工 4 人×40000 元/人＝16 万元

（2）水电等杂项支出 4 万元

总合计：144.3 万元

（二）收入

1. 鸡蛋收入

40000 千克×25 元/千克＝100 万元

2. 土鸡收入

20000 只（10000 只公鸡＋10000 只淘汰母鸡）×25 元/只＝50 万元

合计 150 万元。

三、效益分析

1. 总成本

总成本＝折旧费＋饲料费＋雏鸡费＋人工及其他支出＝（4.4＋1.8）万元＋68 万元＋3.3 万元＋20 万元＝97.5 万元（注：基本建设投资 44 万元，使用年限 10 年，年折旧费 4.4 万元；设备投资 9 万元，使用年限 5 年，年折旧费 1.8 万元）。

2. 净收入

净收入＝总收入－总成本＝150 万元－97.5 万元＝52.5 万元

新乡市大北农农牧有限责任公司兴辉养殖场在核桃树下饲养土鸡，土鸡可以利用核桃园内的昆虫、青草（适量补充精饲料），粪便可以肥田，形成良好的循环链，土鸡生产中不使用药物，核桃也较少使用农药，生产的土鸡产品和核桃能够达到绿色产品标准。每只土鸡年获利 50 多元。

四、关键技术

1. 品种选择

饲养的品种为当地的土杂鸡，因为土杂鸡对当地气候条件具有较强的适应性，符合当地消费习惯，人们容易接受。

2. 饲养时间选择

根据当地气候条件，一般每年的 3 月购进雏鸡，因气温适中、日照渐长、阳光充足，育雏成活率高，雏鸡体质健壮。育成阶段赶上夏、秋两季，鸡只户外活动时间多，体质强健。8 月开产，产蛋期长，产蛋率高，产蛋高峰期正好落在元旦和春节期间，市场对土鸡蛋需求旺盛。土公鸡可以在每年中元节和中秋节两个节日高价销售，可以获得较高收益。

3. 饲养方式

育雏期采用舍内笼养。育成期和产蛋期采用核桃树下放养的饲养方式。

4. 放养地情况

放养地为核桃园，面积600多亩，位于养殖场西南角，宽敞开阔，地面坡度在5°~30°之间，远离村落，交通便利，周围有围墙。由于放养地面积较大，使用钢丝网或塑料网分割成小区，每个小区面积80~100亩，放养育成鸡2500~3000只。公鸡上市出售，每亩地放养产蛋母鸡30~40只，每群1500~2000只。每个小区建设有开放式的棚舍，面积200米²左右。在鸡舍内部要构建栖架，母鸡舍内设置产蛋窝或产蛋箱。鸡舍前面放置一定数量的饲槽和饮水器，供补料和饮水使用。

5. 饲养管理技术

（1）适时转群　雏鸡培育40~50天，已经基本能够适应外界自然环境温度，选择在晴好温暖的时间将雏鸡转入放养鸡舍内。

（2）放牧训练　开始进行野外放牧，放牧的时间要短一些，以后逐渐地延长，范围也是由近及远，逐渐扩大范围，使鸡群适应放养。

（3）饲料补给　放养期的补料至关重要，刚开始放牧，雏鸡不适应野外自由觅食，要适当多补充饲料，早晚各补1次，早上结合补料诱导雏鸡扩大活动和觅食范围，傍晚结合补料训练雏鸡归舍。在其开始习惯放牧饲养的时候，考虑到林下植被和野生饲料资源数量，只要适量补充饲料（一般在30~70克/天）就可以，早上少补，傍晚多补。放养期要多喂青绿饲料、土杂粮、农副产品等。

（4）饮水充足　在放养地设置一定数量的自动饮水槽或饮水器，让鸡随时能喝到清洁的水。

（5）补光　育成阶段自然光照，22周龄开始增加光照，逐渐增至16~16.5小时恒定。

（6）减少窝外蛋　鸡舍周围和放养地可以设置一些蛋窝，蛋窝内放些柔软的垫草和假蛋，诱导土鸡到蛋窝内产蛋，减少蛋的遗失破损，保持蛋的卫生。

（7）预防兽害　每群土鸡内饲养5~10只白鹅，可以预防蛇、黄鼠狼等野兽伤害鸡只。

（8）疾病防控　放养的土鸡抗病力强，不易发病。但因其饲养期较长，又放牧于野外，接触病原体机会多，所以必须认真做好卫生、消毒和防疫工作。注意防治球虫病，一般以在 15 日龄和 35 日龄各预防一次为好。驱球虫可用辣蓼、马齿苋、大蒜各 300 克切碎拌料或煎水喂鸡；按照正常的免疫程序进行免疫接种；做好鸡舍、设备用具和场地的消毒工作；平时在饲料中添加适量的中草药（如板蓝根、穿心莲、金银花、野菊花、连翘等），增强鸡的抗病力，尽量控制药物用量，减少药物残留。

实例二 新乡市农科院种禽孵化有限公司

一、基本情况

新乡市农科院种禽孵化有限公司位于辉县西新乡市农业科学研究院园内，占地 5 亩，饲养土种鸡 5000 套（笼养，人工授精），年孵化销售土鸡 100 万只。

二、土种鸡场效益分析

（一）土种鸡投资

1. 基本建设投资

育雏舍、种鸡舍和附属用房等投资 30 万元，设备投资 10 万元，其他 10 万元，合计 50 万元。

2. 土种鸡饲料费用

土种鸡全期采用舍内笼养，培育期 0～22 周龄，产蛋期 23～68 周龄。

（1）培育期饲料费用 5500 只 × 10 千克/只 × 2.6 元/千克 = 14.3 万元

（2）产蛋期饲料费用 5300 只 × 36 千克/只 × 2.5 元/千克 = 47.7 万元

（注：选留后的土种鸡数量，其中有 300 只公鸡）

3. 雏鸡费用

5500 只 × 6 元/只 = 3.3 万元

4. 人工和其他费用

人工和其他费用共计 8 万元。

合计：123.3 万元

（二）收入

1. 种蛋收入

5000 只 × 140 枚/只 × 1.2 元/枚 = 84 万元

2. 土鸡收入

5000 只×25 元/只＝12.5 万元

合计：96.5 万元。

（三）效益分析

1. 总成本

总成本＝折旧费＋雏鸡费＋饲料费＋人工及其他支出＝5 万元＋3.3 万元＋62 万元＋8 万元＝78.3 万元（建筑物和设备投资50 万元，使用年限10 年，年折旧费5 万元）。

2. 净收入

净收入＝收入－总成本＝96.5 万元－78.3 万元＝18.2 万元

三、土种鸡孵化场效益分析

（一）土种鸡投资

1. 基本建设投资

孵化场和附属用房等投资20 万元，设备投资11 万元，其他5 万元，合计36 万元。

2. 种蛋费用

100 万枚×1.2 元/枚＝120 万元

3. 人工和其他费用

人工和其他费用共计10 万元。

（二）收入

100 万枚×85%×2 元/只＝170 万元

（三）效益分析

1. 总成本

总成本＝折旧费＋种蛋费＋人工及其他支出＝4.5 万元（建筑物和设备使用年限8 年）＋120 万元＋10 万元＝134.5 万元

2. 净收入

净收入＝收入－总成本＝170 万元－134.5 万元＝35.5 万元

四、关键技术

1. 品种选择

选择具有一定产蛋性能的土鸡品种，如固始鸡、三黄鸡、卢氏鸡、芦花鸡和贵妃鸡等。生产的蛋是种蛋，应该引进父母代雏鸡。根据子代的用途和市场需求，可以选择不同品种的公鸡进行人工授精。

2. 培育期饲养管理要点

（1）消毒 在进雏前一周要将育雏舍内的地面清扫干净，并用百毒杀或者烧碱（氢氧化钠）对雏舍进行全面的消毒处理。

（2）饮食 雏鸡进入鸡舍 3 小时之后，就开始开食，投食量为 6～8 次/天。在两周之后，减少至 4～5 次/天，并要保证投食每天都能吃完。7～20 周龄每天饲喂 1～2 次，根据体重进行适当限制饲养。

（3）密度 在 2 周龄以内每个笼格饲养雏鸡 50～70 只（每个笼格规格 60 厘米×100 厘米），3～6 周龄每个笼格饲养雏鸡 30～40 只，7～20 周龄每个笼格饲养 15～20 只。

（4）温度控制 雏鸡阶段注意保温，育成阶段注意通风，培育期要处理好保温和通风的关系。舍内温度要稳定，避免忽高忽低。育雏结束，进入育成阶段要脱温，脱温要注意外界气温情况，逐渐进行脱温，避免温度骤然变化。

（5）光照管理 雏鸡 3 日龄内要保证 24 小时的光照，这样有利于雏鸡快速成长，提高成活率。在 7 日龄内要保证光照 18 小时/天。一周后可采用自然光照。

（6）断喙 种用土鸡一般在 8～10 日龄断喙，可在以后转群或上笼时补断。转入种鸡笼时进行补断。

（7）控制好育成种土鸡的体型和均匀度 体型好、发育均匀整齐的鸡群，产蛋量大，种用价值高。定期称测体重和胫骨长度，计算平均体重和平均胫长，根据平均体重调整饲喂量，使育成的土鸡体重符合要求。同时要计算均匀度，了解鸡群发育的均匀情况，并进行必要调整，使育成的新母鸡群体均匀整齐。

（8）卫生防疫 舍内饲养的种土鸡，饲养密度高，疾病感染机会多，必须认真搞好隔离、卫生、消毒工作，按照免疫程序进行免疫接种，避免疾病，特别是疫病的发生。

3. 土种母鸡的饲养管理要点

（1）饲养

① 及时更换饲料。不同阶段饲喂不同的饲料，既能满足营养需要，又可降低饲料成本。饲料更换要有 5 天的过渡期。

② 合理饲喂。土种鸡可饲喂粉状料，每天 2～4 次，饲槽数量充足，添加饲料要均匀，每天要净槽，在喂料 1～2 小时后还要匀料，保证鸡吃饱而不浪费饲料。后期应注意限制饲养以避免鸡体肥胖。饲喂程序要

稳定。

③ 供给充足的饮水。保证充足供应清洁的饮水。夏季饮深井水；冬季注意避免水温过低。

（2）管理

① 适时转群。根据青年土鸡的体重发育情况，在 19～21 周龄时，由育成鸡舍转入种鸡舍。转群前，要对种鸡舍进行彻底的清扫消毒，准备好饲养、产蛋设备。笼养种鸡，母鸡三层阶梯式，公鸡两层阶梯式，公鸡笼安放在母鸡舍的一头。结合转群进行开产前最后一次疫苗接种，鸡新城疫Ⅰ系疫苗 2 倍量肌内注射，同时肌内注射新城疫、传染性支气管炎、减蛋综合征三联油苗。

② 光照控制。种用土鸡一般从 19 周龄开始增加光照刺激，通过增加人工光照时间的方法来刺激鸡群迅速开产，而且开产比较整齐，产蛋率上升较快。在 19 周龄体重达到标准时，每周增加光照时间 30 分钟，一直增加到每天光照 16 小时恒定。转群时如果鸡群的体重偏轻、发育较差，要推迟增加光照刺激的时间，加强饲喂，让鸡自由采食。体重达到标准后，再增加光照刺激。产蛋后期，可以将光照增加到 16.5 小时，以最大限度地刺激产蛋。

③ 监测体重。种鸡开产后体重的变化要符合要求，产蛋率达到 5% 以后，至少每 2 周称重 1 次，体重过重或过轻都要设法弥补。产蛋后期应注意防止鸡体过肥。

④ 保持适宜环境。种鸡最适宜的产蛋温度为 13～18.3℃；相对湿度控制在 65% 左右；光照要维持 16 小时的恒定光照，不能随意增减光照时间，尤其是减少光照，每天要定时开灯、关灯，保证电力供应；种公鸡每笼饲养 1 只，有一定的活动空间；注意适量通风，经常清理粪便和污物，保持空气新鲜，防止有害气体超标。

⑤ 减少应激。进入产蛋高峰期的土鸡，一旦受到外界的不良刺激，就会出现惊群，发生应激反应，严重影响采食量、产蛋率、受精率、孵化率。在日常管理中，工作程序要固定，各种操作动作要轻，产蛋高峰期要尽量减少进出鸡舍的次数。开产前要做好疫苗接种和驱虫工作，高峰期不能进行这些工作。

⑥ 适当淘汰。50% 产蛋率时，进行第一次淘汰；进入高峰期后一个月进行第二次淘汰；产蛋后期每周淘汰 1 次。淘汰土鸡的方法主要是根据外貌特征，鉴别高产鸡与低产鸡。笼养淘汰后，剩余的鸡不要并笼饲

第十一章

养，以免发生啄斗。

⑦ 加强卫生管理。做好隔离、卫生和消毒工作，减少疾病的发生。

⑧ 种蛋管理。产蛋率达到 50% 时（或在 26 周龄时），种蛋就可进行孵化利用，所以，在 25 周开始人工授精，人工授精两次后可收集种蛋进行孵化。每天要拣蛋 3 ~ 4 次，收集的种蛋及时消毒（可在种鸡舍内设置一个消毒柜，每次收集后将种蛋放在消毒柜内，每立方米空间用 15 毫升福尔马林，7.5 克高锰酸钾，密闭熏蒸 15 分钟）；种蛋的大小和形状要符合不同品种各自的要求，蛋重一般在平均数 ±15% 范围内，蛋形以椭圆形为宜。壳质致密均匀，厚薄适当，表面平整，没有一丝裂纹，敲击响声正常，蛋壳清洁无污染；种蛋如不能及时入孵，要注意保存温度和湿度。保存种蛋最适宜的温度为 10 ~ 15℃，相对湿度以 70% ~ 75% 为宜。春季保存时间不超过 7 天，夏季不超过 5 天，冬季不超过 10 天。

4. 种公鸡的饲养管理要点

（1）种公鸡的选择 对种公鸡要进行精心饲养和严格地选择。第一次选择，一般安排在育雏期结束时的 8 ~ 9 周龄。选取健康无病，活力充沛、腿、脚、趾挺直，背宽、胸阔，且符合品种体征要求的公鸡留作种用，余下的则淘汰。第二次选择常与转群同时进行，选择标准同第一次，但应注意淘汰鉴别错误的鸡只和外貌体征不合品种要求的公鸡。

（2）公、母鸡的比例 采用笼养方式，实行人工授精的鸡群，育雏、育成阶段以 1:20 为宜，上笼时则用 1:（30 ~ 50）的比例为宜。

（3）种公鸡的饲养管理 土种公鸡的育雏、育成阶段与母鸡分栏饲养，喂同样的育雏、育成饲料。转群后，采用单笼饲养、单独饲喂，应该饲喂公鸡专用料。为了保证鸡群中适宜的公、母比例，如有公鸡淘汰，则应随时补入新的公鸡。补入公鸡时，宜在天黑前 1 小时放入。为有效控制公鸡的体重，产蛋期应每 4 周抽样称重 1 次，并根据体重情况适时调整种公鸡的日喂料量，使实际体重一直保持在标准体重的水平上。

5. 孵化技术

采用全自动孵化器进行孵化，自动控制温度、湿度、通风和翻蛋，一方面孵化工作量变小，另一方面操作也简单。但孵化中必须注意：①根据实际情况，如孵化季节、种蛋大小、种蛋贮存时间等因素对孵化温度进行微调；②在孵化过程中要特别注意卫生管理，如种蛋、孵化器具的清洁消毒，出雏间隔孵化车间卫生消毒及孵化过程中的卫生管理等，保持孵化环境清洁，这些都有利于孵化效果的提高。

参 考 文 献

［1］黄春元，等. 最新养禽实用技术大全［M］. 北京：中国农业大学出版社，1996.

［2］陈宗刚，李志和. 果园山林散养土鸡［M］. 北京：科学技术文献出版社，2006.

［3］张振涛. 绿色养鸡新技术［M］. 北京：中国农业出版社，2002.

［4］刘益平. 果园林地生态养鸡技术［M］. 2 版. 北京：金盾出版社，2012.

［5］魏刚才，等. 养殖场消毒技术［M］. 北京：化学工业出版社，2007.

［6］宁金友. 畜禽营养与饲料［M］. 北京：中国农业出版社，2001.

［7］魏刚才，等. 鸡场疾病控制技术［M］. 北京：化学工业出版社，2006.

［8］韩占兵. 养柴鸡［M］. 郑州：中原农民出版社，2008.

［9］魏刚才. 土鸡高效健康养殖技术［M］. 北京：化学工业出版社，2010.

［10］王新华. 鸡病诊治彩色图谱［M］. 2 版. 北京：中国农业出版社，2008.

［11］杜元钊，朱万光. 鸡病诊断与防治图谱［M］. 济南：济南出版社，1998.

索 引

注：书中视频建议读者在 Wi-Fi 环境下观看。

特点：常见病的诊断、类症鉴别与防治，畅销5万册

定价：25元

特点：以图说的形式介绍养殖技术，形象直观

定价：39.8元

特点：按照养殖过程安排章节，配有注意、技巧等小栏目

定价：26.8元

特点：解答养殖过程中的常见问题

定价：19.8元

特点：鸡病按照临床症状进行分类，全彩印刷

定价：39.8元

特点：介绍鸡病的典型症状与病变，全彩印刷

定价：39.8元

特点：近300张临床诊断图，全彩印刷

定价：59.8元

特点：近300张临床诊断图，全彩印刷

定价：49.8元

特点：养殖技术与疾病防治一本通，配有微视频

定价：29.8元

特点：养殖技术与疾病防治一本通

定价：20元